四川省产教融合示范项目系列教材

有限元法及其应用

向维　吴晓　于兰峰 ◎ 编著

西南交通大学出版社
·成　都·

图书在版编目（CIP）数据

有限元法及其应用 / 向维，吴晓，于兰峰编著. —
成都：西南交通大学出版社，2022.11
四川省产教融合示范项目系列教材
ISBN 978-7-5643-9045-7

Ⅰ. ①有⋯ Ⅱ. ①向⋯ ②吴⋯ ③于⋯ Ⅲ. ①有限元
法 – 教材 Ⅳ. ①O241.82

中国版本图书馆 CIP 数据核字（2022）第 231345 号

四川省产教融合示范项目系列教材

Youxianyuanfa ji Qi Yingyong

有限元法及其应用

向维　吴晓　于兰峰　编著

责任编辑	韩洪黎
封面设计	吴　兵

出版发行	西南交通大学出版社
	（四川省成都市金牛区二环路北一段 111 号
	西南交通大学创新大厦 21 楼）
邮政编码	610031
发行部电话	028-87600564　　　028-87600533
网址	http://www.xnjdcbs.com
印刷	四川森林印务有限责任公司

成品尺寸	185 mm × 260 mm
印张	11.75
字数	295 千
版次	2022 年 12 月第 1 版
印次	2022 年 12 月第 1 次
书号	ISBN 978-7-5643-9045-7
定价	35.00 元

图书如有印装质量问题　本社负责退换
版权所有　盗版必究　举报电话：028-87600562

有限元方法（Finite Element Method）作为目前实际工程应用最广泛的一种数值计算方法，其主要思想是将连续的求解域离散为有限个单元的集合，每个单元采用假定的试函数来替代单元的场函数，通过节点将有限个离散单元连接起来，从而将连续的无限自由度求解问题转化为离散的有限自由度求解问题。从数学上来讲，有限元法就是求解微分方程组边界值问题近似解的数值方法。

随着计算机技术的不断发展，有限元方法获得极大的推广和应用，出现了MSC Nastran、ANSYS等大型商业有限元软件。有限元分析已成为解决工程实际问题必不可少的工具，其计算结果已成为结构设计和工程分析的可靠参考依据，在机械、建筑、航空航天等行业有着广泛的应用。

目前，大部分工科院校机械类、土木类、航空航天类本科专业都开设了有限元分析及应用方面的课程，目的是使学生了解有限元理论以及掌握应用有限元分析软件分析实际工程问题的方法。然而，目前大多数的有限元教材主要分为两类：一类侧重于有限元理论，内容包括变分原理、单元的构造、单元质量矩阵和刚度矩阵的计算、有限元编程的技巧等，其定位是研究生教学，起点较高，对于只有材料力学基础的本科生而言有一定难度；另一类侧重于应用现有软件进行结构分析，内容偏重于建立模型、网格划分技巧、边界条件的处理等，主要供工程技术人员使用。因此，本书作者的初衷是为力学基础有限的工科专业本科生编写一本简明易懂、内容深度适中的有限元教材，同时也适合工程技术人员自学使用。

考虑到有限元理论深奥难懂而本科生的力学和数学基础有限的情况，本书的理论知识部分是从材料力学的角度出发，通过杆系结构的直接解法引入有限元法的基本概念、原理和方法，继而在弹性力学和虚功原理的基础上进一步介绍平面问题的有限元。

第1~3章为本书的理论篇，其内容框架如下：

第1章是有限元方法概述，介绍有限元方法的发展历程、发展趋势、基本概念和分析步骤。

第2章通过杆系结构的直接解法推导杆单元和梁单元的刚度矩阵，通过刚度集成法建立系统的平衡方程，并介绍了边界条件的处理方法。

第3章介绍了二维结构的有限元格式。重点介绍了平面问题，从位移函数的选取出发，从弹性力学的角度推导了单元的应变矩阵、应力矩阵，并应用虚功原理推导单元的平衡方程、刚度矩阵和节点等效力。此外，对薄板弯曲问题和剪切板弯曲问题也做了简单介绍。

第4~10章是本书的应用篇，是针对通用有限元软件ANSYS编写的，该部分是本书作者根据多年教学实践编写而成，其特点是简明易懂、针对性强。关于操作实例，本书搜集、精选了有实用价值和代表性的综合实例，主要包括机械行业常见的桁架结构、钢架结构、轴承座结构、塔式起重机金属结构等，分析类型主要包括静力学分析和模态分析、谐响应分析和瞬态响应分析。内容框架如下：

第 4 章主要介绍 ANSYS 软件的分析类型、用户界面、操作模式、文件类型、坐标系和单位制。

第 5 章介绍了典型的 ANSYS 分析过程，包括：创建有限元模型、施加载荷进行求解以及查看分析结果。

第 6～9 章分别介绍了二维和三维实体结构、板壳及梁杆结构的有限元静力学分析，主要内容包括：① 常用 2D 实体单元（PLANE），3D 实体单元（SOLID），壳单元（SHELL），梁单元（BEAM）和杆单元（LINK）的性能；② 平面托架结构有限元分析实例；③ 轴承座及汽车连杆结构有限元分析实例；④ 门式起重机金属结构系统有限元分析实例及参数化建模方法；⑤ 桁架结构、空间刚架结构有限元分析实例。

第 10 章介绍了基于 ANSYS 的动力学分析，主要内容包括：① 模态分析、谐响应分析和瞬态动力学分析的概念、方法和步骤；② 质量单元（MASS21）、弹簧单元（COMBIN）的性能；③ 耦合和约束方程的概念及设置方法，刚性区设置方法；④ 载荷步、子步、步长的概念，动载荷加载方式；⑤ 弹簧质点系统，飞机机翼模态分析实例，"工作台-电动机"系统的谐响应分析实例，板梁结构工作台瞬态动力学分析实例。

本书的出版得到了四川省产教融合示范项目"交大-九洲电子信息装备产教融合示范"的资助。

向 维

2022 年 6 月

第1章 有限元方法概述

1.1 有限元法的发展历程

有限元法的出现与发展有着深刻的工程背景。20 世纪 40 年代，美、英等国的飞机制造业有了快速发展。随着飞机结构的逐渐变化，准确地了解飞机的静态特性和动态特性显得越来越迫切，但是传统的设计分析方法已经不能满足设计的需要，因此工程设计人员开始寻找一种更加适合分析的方法，于是出现了有限单元法。1943 年，Courant[1]就提出用有限个三角形上的简单多项式函数替换整体函数来求解扭转问题。1960 年，Clough[2]在研究平面弹性问题时，首次提出把这种方法命名为"有限元法"。1967 年，Zienkiewicz 和 Cheung 撰写了首部有限元法专著 *The Finite Element Method in Structural and Continuum Mechanics*[3]，该书是有限元领域最早、最著名的专著，其最新版本为 2013 年出版的第七版[4]，内容由最初版本的一卷本扩展到四卷本，从结构、固体扩展到流体，凝聚了作者多年的研究成果，荟萃了近千篇文献的精华，深受全世界力学界、其他科学和工程界科技人员的欢迎，成为有限元领域的经典之作，为有限元法的推广应用、普及做出了杰出和奠基性的贡献。

20 世纪 60 年代初，我国的冯康在特定的环境中并行于西方，独立地发展了有限元法的理论。1964 年，他创立了数值求解偏微分方程的有限元方法，形成了标准的算法形态，编制了通用的工程结构分析计算程序。1965 年，他发表论文《基于变分原理的差分格式》，标志着有限元法在我国的诞生。1997 年春，菲尔兹奖得主、中国科学院外籍院士丘成桐教授在清华大学所作题为"中国数学发展之我见"的报告中提到："中国近代数学能超越西方或与之并驾齐驱的主要原因有三个，当然我不是说其他工作不存在，主要是讲能够在数学历史上很出名的有三个：一个是陈省身教授在示性类方面的工作，一个是华罗庚在多复变函数方面的工作，一个是冯康在有限元计算方面的工作"。

1970 年以后，随着计算机技术的飞速发展，有限元法中人工难以完成的大量计算工作能够由计算机来实现并快速地完成，基于有限元方法原理的软件大量出现，并在实际工程中发挥了愈来愈重要的作用。目前，专业的著名有限元分析软件公司有几十家，国际上著名的通用有限元分析软件有 ANSYS 和 ABAQUS 等，还有一些专门的有限元分析软件，如 FELAC、DEFORM 等。

1995 年，钱学森在《我对今日力学的认识》中提到，今日力学是一门用计算机计算去回答一切宏观的实际科学技术问题，计算方法非常重要；另一个辅助手段是巧妙设计的实验。

现在，有限元法已成为工程和产品结构分析中必不可少的数值计算工具，其应用范围已经从最初的只能解决固体力学问题，发展到可以分析连续力学各类问题的一种重要手段。

到目前为止，有限元法已被应用于固体力学、流体力学、热传导、电磁学、声学、生物力学等各个领域，能求解由杆、梁、板、壳、块体等各类单元构成的弹性、弹塑性或塑性问题；能求解各类场分布问题（流体场、温度场、电磁场等的稳态和瞬态问题）；还能求解水流管路、电路、润滑、噪声以及固体、流体、温度相互作用的问题。

1.2 有限元法及分析软件的发展趋势

国际上早在 20 世纪 50 年代末、60 年代初就投入大量的人力和物力开发具有强大功能的有限元分析程序。目前，专用或通用有限元分析软件主要有美国的 NASTRAN、ABAQUS、ADINA、ANSYS、SAP、MARC，德国的 ASKA，英国的 PAFEC，法国的 SYSTUS 等。

现在的有限元程序功能越来越强大，用户界面更加友好，使用更加方便。当今国际上有限元方法和软件发展呈现出以下一些趋势和特征：

1. 从单纯的结构力学计算发展到求解多物理场问题

有限元分析方法最早是从结构化矩阵分析发展而来，逐步推广到板、壳和实体等连续体固体力学分析，实践证明这是一种非常有效的数值分析方法。而且从理论上也已经证明，只要用于离散求解对象的单元足够小，所得的解就可以足够逼近于精确值。所以，近年来有限元方法已发展到流体力学、温度场、电传导、磁场、渗流和声场等问题的求解计算，以及多物理场的耦合分析。

2. 由求解线性工程问题进展到分析非线性问题

随着科学技术的发展，线性理论已经远远不能满足设计的要求。现在很多结构都表现出非线性状态。非线性的原因很多，主要有三种类型：状态变化（包括接触问题）、几何非线性、材料非线性。

（1）状态变化（包括接触）。

许多普通结构都能表现出一种与状态相关的非线性行为。例如，一根只能拉伸的柔性的电缆可能是松弛的，也可能是绷紧的。轴承套可能是接触的，也可能是不接触的。这些系统的刚度由于系统状态的改变在不同的值之间突然变化，呈现出非线性。

接触是一种很普遍的非线性行为，接触是状态变化非线性类型形中一个特殊而重要的子集。

（2）几何非线性。

如果结构经受大变形，变化的几何形状可能会引起结构的非线性响应。

（3）材料非线性。

如材料在塑性状态下，应力与应变之间不再是线性关系。塑料、橡胶和复合材料等各种非线性材料的出现，仅靠线性计算理论不足以解决遇到的问题，只有采用非线性有限元算法才能解决。

3. 增强可视化的前置建模和后置数据处理功能

早期有限元分析软件的研究重点在于推导新的高效率求解方法和高精度的单元。随着数值分析方法的逐步完善，尤其是计算机运算速度的飞速发展，整个计算系统用于求解运算的时间越来越少，而数据准备和运算结果的表现问题却日益突出。因此，目前几乎所有的商业化有限元程序系统都有功能很强的前置建模和后置数据处理模块。在强调"可视化"的今天，很多程序都建立了对用户非常友好的 GUI（Graphics User Interface），使用户能以可视图形方式直观快速地进行网格自动划分，生成有限元分析所需数据，并按要求将大量的计算结果整理成变形图、等值线图，便于极值搜索和所需数据的列表输出。

4. 与 CAD 软件的无缝集成

当今有限元分析系统的另一个特点是与通用 CAD 软件的集成使用。在用 CAD 软件完成部件和零件的造型设计后，自动生成有限元网格并进行计算，如果分析的结果不符合设计要求则重新进行造型和计算，直到满意为止，从而极大地提高了设计水平和效率。今天，工程师可以在集成的 CAD 和 FEA 软件环境中快捷地解决一个在以前无法应付的复杂工程分析问题。所以，当今所有的商业化有限元系统商都开发了和著名的 CAD 软件（例如 Pro/ENGINEER、Unigraphics、SolidEdge、SolidWorks、IDEAS、Bentley 和 AutoCAD 等）的接口。

当前，进口 CAE 软件仍然占领了大部分我国市场。1979 年，美国的 SAP5 线性结构静、动力分析程序向国内引进移植成功，掀起了应用通用有限元程序来分析计算工程问题的高潮。这个高潮一直持续到 1981 年 ADINA 非线性结构分析程序引进，一时间许多一直无法解决的工程难题都迎刃而解了。现在，国外商业化的 FEA 软件在国内都有应用。

1.3　有限元法的概念

有限元法（FEM，Finite Element Method）就是把物理结构分割成有限个区域，这些区域称为单元。每个单元中有有限个节点，单元间通过节点相连。对每一个单元建立作用力方程，所有单元的方程组合成整个结构的系统方程，引入边界条件并求解该系统方程，得到结构的近似解。

有限元模型由节点和单元构成，如图 1-1 所示。节点、单元和自由度的概念如下：

（1）节点（Node）：空间中的坐标位置，具有一定自由度，是单元之间的连接点。

（2）单元（Element）：一组节点自由度间相互作用的数值、矩阵描述，满足一定几何特性和物理特性的最小结构域。单元有线、面或实体以及二维或三维的单元等种类。有限元模型由一些简单形状的单元组成，单元之间通过节点连接，并承受一定载荷。

（3）自由度（DOFs）：用于描述一个物理场的响应特性，如结构分析时用位移表示其自由度。节点自由度随连接该节点的单元类型变化。

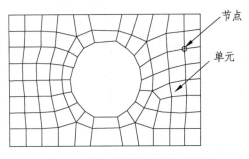

图 1-1　带孔板结构有限元模型

有限元法是把要分析的连续体假想地分割成有限个单元所组成的组合体，简称离散化。单元之间只能通过节点来传递内力，通过节点来传递的内力称为节点力，作用在节点上的载荷称为节点载荷。当连续体受到外力作用发生变形时，组成它的各个单元也将发生变形，因而各个节点要产生不同程度的位移，这种位移称为节点位移。

有限元方法用来解决实际工程需要解决而理论分析又无法解决的复杂问题，并且可以得到比较精确的解。有限元模型是真实系统理想化的数学抽象。有限元方法实际上是用数学方法来求解复杂的力学问题，涉及数学和力学方面的知识，应用有限元方法，还需要有限元分析的计算机程序，各方面互相结合才能形成完整的有限元分析方法。所以，有限元方法被称为是随着计算机的应用而发展起来的一种数值计算方法。

1.4　有限元法的分析步骤

1. 连续体离散化

（1）根据连续体的形状选择最能完满描述连续体形状的单元。常见的单元形状有：点单元（质量单元）、线单元（如梁、杆、弹簧等单元）、平面单元（三角形、四边形）、体单元（四面体、六面体）等。

（2）进行单元划分。将连续的结构划分为有限个单元组成的离散体，习惯上称为有限元网格划分。显然，单元越小则离散域的近似程度越好，计算结果也越精确，但计算量将增大，因此求解域的离散化是有限元法的核心技术之一。

（3）对单元和节点按顺序编号。

2. 确定单元的位移模式

将单元中任意一点的位移场近似地表示成单元节点坐标及节点位移的函数，这种函数称为位移函数，形式如下：

$$\{u\} = [N^e]\{\delta^e\} \tag{1-1}$$

式中，u^e 为单元的位移场向量，N^e 为形函数矩阵，δ^e 为节点位移列向量。

由于多项式不仅能逼近任何复杂函数，也便于微分和积分等数学运算，所以广泛使用多项式来构造位移函数。位移函数的假设是否合理，直接影响到有限元分析的计算精度、效率和可靠度。

3. 单元力学特性分析

（1）单元应变矩阵。

根据弹性力学中的几何方程（应变分量与位移分量之间的关系）以及位移函数的表达式，可得到单元应变与节点位移之间的关系如下：

$$\{\varepsilon^e\} = [B^e]\{\delta^e\} \tag{1-2}$$

式中，ε^e 为单元的应变场向量，B^e 为单元应变矩阵。

（2）单元应力矩阵。

根据弹性力学中的本构方程（应力分量和应变分量之间关系）可得出用节点位移表示的单元应力为

$$\{\sigma^e\} = [D][B^e]\{\delta^e\} \tag{1-3}$$

式中，$\boldsymbol{\sigma}^e$ 为单元的应力场向量，$\boldsymbol{D}$ 是与单元材料有关的弹性矩阵。

（3）单元刚度矩阵。

根据虚功原理，即内虚功等于外虚功，可建立作用于单元上的节点力和节点位移之间的关系式，即单元的平衡方程

$$\boldsymbol{F}^e = \boldsymbol{k}^e \boldsymbol{\delta}^e \tag{1-4}$$

式中，$\boldsymbol{k}^e$ 为单元刚度矩阵，$\boldsymbol{F}^e$ 为单元的节点力列向量。

4. 整体分析

（1）计算等效节点力，集成整体节点载荷向量 $[\boldsymbol{R}]$。

利用虚功等效原理，将各种作用力换算为作用在节点上的等效节点力。作用在单元上的集中力、体积力及表面力都必须尽量等效地移置节点上，形成等效节点载荷。最后，将所有节点载荷按照整体节点编码顺序组集成整体节点载荷向量 $[\boldsymbol{R}]$。

（2）形成整体刚度矩阵 $[\boldsymbol{K}]$，建立整个结构的平衡方程。

由单元刚度矩阵按照刚度集成法形成整体刚度矩阵 $[\boldsymbol{K}]$，建立整个结构的平衡方程

$$[\boldsymbol{K}]\{\boldsymbol{d}\} = \{\boldsymbol{R}\} \tag{1-5}$$

式中，$\boldsymbol{K}$ 为整体刚度矩阵，直接由单元刚度矩阵组装得到；$\boldsymbol{d}$ 为整体节点位移向量；$\boldsymbol{R}$ 为全部节点载荷组成的列阵。

（3）引进边界约束条件，求解整体平衡方程求出节点位移分量。

（4）根据节点位移与应变、应力的关系（几何方程、物理方程）计算出单元应变、应力等派生解。

1.5 使用商用软件进行结构分析的步骤

研究和发展理论的主要目的之一是为了有效解决实际问题。当然，实际问题的解决也可以促进理论的发展，甚至提出新的学科方向。数值方法尤其是有限元方法是从理论走向工程的桥梁或工具。虽然工具已经存在，但如何利用这个工具去解决实际问题并不是一件简单的事。尽管不同的有限元商用软件各有特色，但其主体结构与功能是类似的。在用这些有限元软件对具体工程问题进行分析时，通常包括如下步骤：

（1）问题分析与数学模型建立。

（2）有限元分析（包括：前处理、数值计算、后处理）。

（3）结果分析与重计算。

作为有限元软件的初级用户，往往把注意力放在前、后处理上，甚至认为有限元分析就是几何模型的建立与网格划分。毋庸置疑，随着商用有限元软件的逐步完善，对于比较简单的问题，初学者也可以获得正确的结果。但作为一名合格的结构分析人员，仅仅掌握有限元的前、后处理是不够的。下面对上述各步骤进行简单的讨论。

1. 问题分析与数学模型建立

简而言之，问题分析就是理解问题的物理性质。例如，需要解决的是动力问题还是静力问题，关心的是强度问题、刚度问题，还是稳定性问题等。对这些问题的回答决定了数学模

型的简化程度与有限元模型的规模。

事实上，无论有限元软件如何完善，都需要结构分析人员根据问题的性质来控制软件执行任务的方向。例如，对于飞机机翼，若关心翼面的变形或刚度问题，则翼根区域的网格划分和所使用的单元类型并不是关键因素，这是因为刚度问题对局部并不敏感，于是有限元模型的规模可以较小，但几何模型必须是完整的。翼面的刚度分析可以用于解决气动弹性效应或操纵控制等问题。若关心翼根部分的应力分布或强度问题，则该部分的网格划分和所使用的单元类型是至关重要的，这是因为强度问题是局部敏感的。翼根的强度分析可以用于解决机翼与机身接头部分的形状和尺寸优化设计。为了减小有限元模型的总体规模以提高分析效率，通常只对翼根局部进行细致有限元分析，而总体变形或刚度分析结果可以作为局部强度分析的位移边界条件。

在问题分析的基础上，需要建立合适的数学模型来描述物理问题，如材料性质、边界条件和问题维数的确定及载荷的简化等。Cook[5]曾讨论一个简单问题：一个薄圆环片与一个长圆管置于地面上，求物体在重力作用下的响应。稍有弹性力学基础知识的人不难联想到平面应力与平面应变问题。虽然两结构体均是三维实体，但认识到该问题的几何特征和力学特性之后，就可以用平面弹性理论来简化该问题的分析工作。尽管使用三维体元同样可以解决这个问题，但在模型规模与计算效率两方面均会增加数个量级。另外，还有一些问题是需要经验与初步分析才能做出具体判断的，例如薄圆环片（或长圆管）与地面的接触区处理。从理论上来说，接触区不是理想空间点，而应该是一个区域，其大小与结构局部变形有关。如果接触区非常小，相比于结构整体的特征尺寸有量级上的差异，则该接触区可以简化为一个铰接点。这种简化不会对总体结果产生太大影响。当然，如果接触区较大或者关心接触区的应力分布，则应该引入接触边界条件，但接触边界条件的引入将使问题复杂化和非线性化。

与之类似，材料性质的选取也会涉及线性与非线性问题。通常需要经过初步分析才能决定是否应该引入材料的非线性本构关系。在初步分析中，使用线弹性材料进行试算是必要的。还有许多类似的问题，此处不再一一论述。

在问题分析与数学模型建立这一步骤中，根据理论分析来简化模型也是有益的。例如：利用对称性可以减小模型规模，提供网格划分疏密区域的依据，预测有限元结果（如某些特殊点的位移和应力应该等于零）等。虽然，这部分工作也可以在结构分析之后进行，但事先对计算结果的预估可提高分析效率，还可以避免在建立模型过程中的颠覆性错误。

2. 有限元分析

商用有限元软件均包括三个部分：前处理、数值计算和后处理。前处理包括定义材料与单元特性、几何建模、网格划分、施加边界条件等。数值计算是有限元分析的内核，主要完成单元矩阵生成与组装、矩阵运算和各节点参数的求解。后处理的功能主要是利用图形来显示有限元分析所得到的各物理量或按要求列出所需数据。尽管图形界面有很好的亲和力，并且具有避免出现低级建模错误的能力，但建模中计算参数的选择还是对分析者的理论基础提出了要求。

3. 结果分析与重计算

常规的结果列表与总结只是结果分析的表象。结果分析的目的之一是回答这样的问题——这个计算结果正确吗？事实上，对于较复杂的工程结构，无法判断全部计算结果的正确性，但根据物理含义或与试验结果进行比较，对判断某些特殊点的结果及分布特征的正确性和合理程度是有益的。对于简单的问题，与已有的理论结果进行比较也是可行的。

　　人们通常认为数值结果的可信度总比实验结果或理论结果差，但事情不是绝对的。在查找有限元模型可能存在问题的同时，认识到理论解的假设条件与实验条件所引入的偏差也是非常必要的。对有限元模型本身而言，由于计算机技术的发展和软件可靠性的进步，基本可以忽略数值截断误差对结果产生的本质影响。而由于数学模型所造成的误差（如边界条件的定义不合理）却是比较严重的，计算方法中参数选择不当也可造成严重问题。

　　虽然较好的通用软件在结果中给出了一些与计算过程有关的参考信息，但对结果正确性的判断主要还是依赖于分析者本身的理论基础与工程经验。另外，计算结果的收敛性也是需要考虑的。加密网格对结果的影响或数值结果的连续性可作为考察收敛性的重要参考依据。在此过程中，进行详细的重分析往往是不可避免的。总之，从表面上看，有限元分析过程似乎是在计算机上完成界面操作，但问题的解决主要依赖于分析者的物理概念及其有限元理论基础和经验，初学者与有经验的结构分析人员的最大差别也在于此，所以掌握一定的理论基础知识并进行实践是十分必要的。

第2章 杆系结构的有限元法 —— 直接法

在工程实际中大量存在杆系结构，研究杆系结构的力学基础知识主要来源于材料力学、结构力学和动力学。尽管实际结构体均是三维的，但在弹性力学基础上引入一定的假设，就可用一维模型来模拟三维问题，这样可以最大限度地简化分析工作。材料力学中的平面假设就实现了这个目的，它使均匀拉压杆、扭转轴、弯曲梁问题简化为一维问题。本质上，平面假设给出了平剖面内各点变形（或应变）的分布规律。当然，这些假设也被理论与实验证明在一定条件下是正确的或满足精度要求的。杆系结构的有限元方法类似于结构力学中的位移法，其主要区别在于有限单元的位移模式是近似的。有限元软件中与杆系结构对应的一维单元主要是杆与梁单元。以 ANSYS 软件为例，其中包括：LINK 杆元、BEAM 梁元，它们都是空间单元，杆元具有纵向拉压与扭转刚度，而梁元具有拉压、扭转和弯曲刚度，单元特征描述详见本书第 9 章的内容。杆元与梁元在航空航天、土木、建筑、机械、船舶、水利等工程中应用很广，例如桥梁、塔式起重机的起重臂和标准节、飞行器机身与翼面的桁条等。

2.1 基本概念

为了求解复杂的杆系结构中力与位移的关系，可以先把整个杆系结构分解开来，对每一杆件用材料力学或结构力学方法进行分析，得出其力学特性，然后再把这些杆件的内力特性借助于刚度集成法综合起来，最终得到整个结构的力学特性，这是早期有限元法的直接求解方法。

1. 结构离散化

结构离散化是用有限元法分析问题的基础。离散化是指将分析对象划分成有限个单元体，使相邻单元体之间在节点处连接，用这样的单元集合体来替代原有的结构。离散化主要包括确定单元类型、单元划分以及节点和单元编号三个过程。

2. 单元划分原则

两个节点之间的杆件构成一个单元，节点可按以下原则选取：

（1）杆件的交点一定要选为节点；

（2）杆件截面变化处一定要取为节点；

（3）支承点与自由端要取为节点；

（4）集中载荷作用处最好取为节点；

（5）欲求位移的点要取为节点；

（6）单元长度最好基本相同。

3. 节点和单元

在以节点位移为基本未知数的位移有限元法中，节点自由度是指单元上每个节点的位移（线位移和角位移）。杆系结构的单元类型分为杆单元和梁单元，两者均为线单元。杆单元的节点仅传递力而不传递力矩，其节点位移只有沿坐标系各个轴向的线位移；梁单元的节点不仅传递力，而且还传递力矩，其节点位移有沿坐标系各个轴向的线位移和绕坐标系各轴旋转的角位移。

节点和单元编号是对离散模型的每一个节点和单元都给予的一个确定号码，节点顺序对计算结果无影响，但对求解计算时间有较大的影响。其编号原则如下：

（1）节点编号原则：编号不能重复且不能遗漏，相邻节点编号号码差尽量小。

例如在图 2-1 中，单元节点编号有两种方法。图 2-1（a）中，单元①包含节点 1 与 2，单元②包含节点 1 与 3，依此类推。图 2-1（a）中的最大节点号差为 2，图 2-1（b）中的最大节点号差为 4，显然前者的节点编号较好。

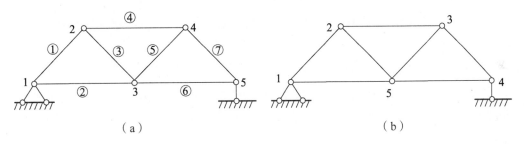

图 2-1　单元与节点编号方法

（2）单元编号原则：编号不能重复且不能遗漏，同类单元尽可能编号相近。

目前，随着商业有限元应用软件的发展，节点和单元编号基本由有限元分析程序的前处理部分自动完成。

4. 整体坐标系和单元局部坐标系

（1）整体坐标系：是指标出计算模型空间位置关系的坐标系，常用的整体坐标系有笛卡尔坐标系、柱坐标系和球坐标系。节点坐标表示节点在整体坐标系下的空间位置。

（2）单元局部坐标系：选取一个节点为坐标轴原点 $\bar{o}$（例如节点 i），通常以出现在单元信息中的第一个节点号作为 i 点，第二个节点号为 j 点。规定单元局部坐标系的 $\bar{x}$ 轴由节点 i 指向节点 j，并按由 $\bar{x}$ 轴到 $\bar{y}$ 轴逆时针旋转 $90°$ 确定局部坐标系的 $\bar{y}$ 轴（实际上是按右手定则确定坐标系的 $\bar{y}$ 轴和 $\bar{z}$ 轴，则 $\bar{z}$ 轴由纸面向外）。

2.2　平面桁架

图 2-2 所示为一平面桁架。在桁架结构中，每个杆件与其他杆件在杆件的两端铰接，只承受轴向力。因此，桁架用杆单元进行离散化，即划分单元、确定节点坐标并对节点和单元编号。

对平面桁架用平面杆单元进行离散时，可按其自然组成将每个杆件当作一个单元，因其节点是铰节点，每个节点有两个方向的线位移，即每个节点有两个自由度。在整体坐标系 $oxyz$ 下，沿 x 轴方向的位移用 u 表示，沿 y 轴方向的位移用 v 表示，则节点 i 沿 x 轴方向的位移用

u_i 表示，沿 y 轴方向的位移用 v_i 表示。如图 2-2 所示的桁架共由 7 个平面杆单元组成，编号为①、②、③、④、⑤、⑥和⑦。同时将各杆件的铰接点作单元的节点，共有 5 个节点，编号为1、2、3、4、5。

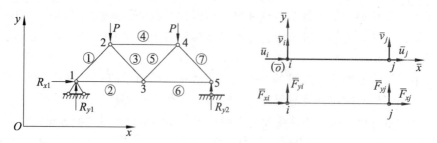

图 2-2　平面桁架有限元模型

2.2.1　局部坐标系下的单元刚度矩阵

为了更清楚地理解刚度矩阵所反映的力学量之间的关系，下面利用材料力学方法来分析单元节点力与节点位移之间的关系，进而建立平面桁架单元的刚度矩阵[6]。

1. 单元局部坐标系下的节点位移和节点力

在局部坐标系 $\overline{oxy}$ 下，平面杆单元节点位移如图 2-2 所示。节点位移 $\overline{u}$ 和 $\overline{v}$ 可分别表示沿 $\overline{x}$ 轴和 $\overline{y}$ 轴方向的位移，节点位移规定以沿局部坐标系的坐标轴方向为正，反之为负。节点 i 在局部坐标系下的位移分量分别为 $\overline{u}_i$ 和 $\overline{v}_i$，节点 j 在局部坐标系下的位移分量分别 $\overline{u}_j$ 和 $\overline{v}_j$，其向量形式分别为

$$\overline{\boldsymbol{\delta}}_i = \begin{bmatrix} \overline{u}_i \\ \overline{v}_i \end{bmatrix}, \overline{\boldsymbol{\delta}}_j = \begin{bmatrix} \overline{u}_j \\ \overline{v}_j \end{bmatrix} \tag{2-1}$$

式中，$\overline{\boldsymbol{\delta}}_i$ 和 $\overline{\boldsymbol{\delta}}_j$ 分别表示节点 i 和 j 在局部坐标系下的位移向量。

在单元局部坐标系下，由单元节点位移引起的单元节点力沿 $\overline{x}$ 轴和 $\overline{y}$ 轴方向分别为 $\overline{F}_x$ 和 $\overline{F}_y$，其方向的规定与相应节点位移方向一致。

在单元 e 中，节点 i 和 j 在单元局部坐标系下的节点力向量分别表示为

$$\overline{\boldsymbol{F}}_i^e = \begin{bmatrix} \overline{F}_{xi} \\ \overline{F}_{yi} \end{bmatrix}, \overline{\boldsymbol{F}}_j^e = \begin{bmatrix} \overline{F}_{xj} \\ \overline{F}_{yj} \end{bmatrix} \tag{2-2}$$

对于单元 e，将节点 i 和 j 的位移向量合写在一起，构成单元节点位移向量，表示为

$$\overline{\boldsymbol{\delta}}^e = \begin{bmatrix} \overline{\boldsymbol{\delta}}_i \\ \overline{\boldsymbol{\delta}}_j \end{bmatrix} = \begin{bmatrix} \overline{u}_i \\ \overline{v}_i \\ \overline{u}_j \\ \overline{v}_j \end{bmatrix} \tag{2-3}$$

即每个平面杆单元有 4 个节点线位移自由度。同理，单元节点力向量的形式为

$$\bar{\boldsymbol{F}}^e = \begin{bmatrix} \bar{\boldsymbol{F}}_i^e \\ \bar{\boldsymbol{F}}_j^e \end{bmatrix} = \begin{bmatrix} \bar{F}_{xi} \\ \bar{F}_{yi} \\ \bar{F}_{xj} \\ \bar{F}_{yj} \end{bmatrix} \tag{2-4}$$

2. 单元节点位移与节点力的关系

从桁架中任意取出一个杆单元（即一根杆）为研究对象，如图 2-3 所示。计算两端铰接的杆单元在节点位移作用下的单元节点力，单元在轴向拉压载荷下的受力如图 2-3 所示。

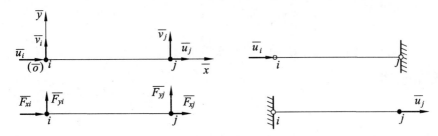

图 2-3　平面杆单元受力分析

假设节点 j 铰接固定，在单元节点位移 $\bar{u}_i$ 和 $\bar{u}_j = 0$ 的作用下，根据材料力学中的胡克定律，在线弹性范围内，轴向力 $\bar{F}_{xi}^i$ 与变形满足以下关系式：

$$\frac{\bar{F}_{xi}^i}{EA} l = \bar{u}_i \tag{2-5}$$

式中，E 为材料的弹性模量；A 为杆的横截面面积；l 为杆单元长度。

由式（2-5）求得

$$\bar{F}_{xi}^i = \frac{EA}{l} \bar{u}_i \tag{2-6}$$

根据单元的力平衡关系得出节点 j 端的轴向力 $\bar{F}_{xj}^i$ 为

$$\bar{F}_{xj}^i = -\bar{F}_{xi}^i = -\frac{EA}{l} \bar{u}_i \tag{2-7}$$

同理，假设节点 i 铰接固定，在单元节点位移 $\bar{u}_i = 0$ 和 $\bar{u}_j$ 的作用下，节点 i 和 j 的轴向力分别为

$$\left. \begin{array}{l} \bar{F}_{xj}^j = \dfrac{EA}{l} \bar{u}_j \\[3mm] \bar{F}_{xi}^j = -\bar{F}_{xj}^j = -\dfrac{EA}{l} \bar{u}_j \end{array} \right\} \tag{2-8}$$

由于节点 i 和 j 为单元的铰接点，单元节点位移 $\bar{v}_i$ 和 $\bar{v}_j$ 对单元节点力无影响。根据线性叠加原理，单元在节点 i 和 j 的位移联合作用下，其节点位移与节点力满足以下关系式：

$$\left. \begin{array}{l} \overline{F}_{xi} = \overline{F}_{xi}^{i} + \overline{F}_{xi}^{j} = \dfrac{EA}{l}\overline{u}_i - \dfrac{EA}{l}\overline{u}_j \\ \\ \overline{F}_{xj} = \overline{F}_{xj}^{i} + \overline{F}_{xj}^{j} = -\dfrac{EA}{l}\overline{u}_i + \dfrac{EA}{l}\overline{u}_j \end{array} \right\} \qquad (2\text{-}9)$$

此外，由于轴向位移仅产生轴向力，而不产生横向力 $\overline{F}_y$。因此，上述单元节点位移与节点力的关系用矩阵的形式表示为

$$\begin{bmatrix} \overline{F}_{xi} \\ \overline{F}_{yi} \\ \overline{F}_{xj} \\ \overline{F}_{yj} \end{bmatrix} = \begin{bmatrix} \dfrac{EA}{l} & 0 & -\dfrac{EA}{l} & 0 \\ 0 & 0 & 0 & 0 \\ -\dfrac{EA}{l} & 0 & \dfrac{EA}{l} & 0 \\ 0 & 0 & 0 & 0 \end{bmatrix} \begin{bmatrix} \overline{u}_i \\ \overline{v}_i \\ \overline{u}_j \\ \overline{v}_j \end{bmatrix} \qquad (2\text{-}10)$$

式（2-10）可缩写为

$$\overline{\boldsymbol{F}}^e = \overline{\boldsymbol{K}}^e \overline{\boldsymbol{\delta}}^e \qquad (2\text{-}11)$$

式中，$\overline{\boldsymbol{K}}^e$ 为杆单元在局部坐标系下的单元刚度矩阵：

$$\overline{\boldsymbol{K}}^e = \begin{bmatrix} \overline{K}_{11} & \overline{K}_{12} & \overline{K}_{13} & \overline{K}_{14} \\ \overline{K}_{21} & \overline{K}_{22} & \overline{K}_{23} & \overline{K}_{24} \\ \overline{K}_{31} & \overline{K}_{32} & \overline{K}_{33} & \overline{K}_{34} \\ \overline{K}_{41} & \overline{K}_{42} & \overline{K}_{43} & \overline{K}_{44} \end{bmatrix} = \begin{bmatrix} \dfrac{EA}{l} & 0 & -\dfrac{EA}{l} & 0 \\ 0 & 0 & 0 & 0 \\ -\dfrac{EA}{l} & 0 & \dfrac{EA}{l} & 0 \\ 0 & 0 & 0 & 0 \end{bmatrix} = \dfrac{EA}{l}\begin{bmatrix} 1 & 0 & -1 & 0 \\ 0 & 0 & 0 & 0 \\ -1 & 0 & 1 & 0 \\ 0 & 0 & 0 & 0 \end{bmatrix} \qquad (2\text{-}12)$$

每个单元有两个节点，每个节点有两个线位移自由度，因此，在单元局部坐标系下，平面杆单元的刚度矩阵为 4×4 阶矩阵。

3. 单元刚度矩阵 $\overline{\boldsymbol{K}}^e$ 的性质

（1）$\overline{\boldsymbol{K}}^e$ 是单元 e 上由节点位移向量 $\overline{\boldsymbol{\delta}}^e$ 与节点力向量 $\overline{\boldsymbol{F}}^e$ 之间的转换矩阵。

（2）刚度矩阵中各元素的力学意义为：$\overline{\boldsymbol{K}}^e$ 中的元素均是单位节点位移所引起的节点力的数值，所以称它们为刚度系数。刚度矩阵中每行或每列元素的力学意义是：同一行的 4 个元素是 4 个节点位移对同一个节点力的影响系数（或称贡献系数）；同一列的 4 个元素是同一个节点位移对 4 个节点力的影响系数。

（3）对称性：根据功的互等定理和单元刚度系数的力学意义，有 $\overline{K}_{ij} = \overline{K}_{ji}$，由此可知单元刚度矩阵 $\overline{\boldsymbol{K}}^e$ 为对称矩阵。

（4）奇异性：单元刚度矩阵是奇异矩阵，即单元刚度矩阵对应行列式值等于零，即 $|\overline{\boldsymbol{K}}^e| = 0$。若把式（2-12）表示的单元刚度矩阵的第 3 行加到第 1 行上去，能使第 1 行的元素全部为零，因此，单元刚度矩阵对应的行列式值等于零。单元刚度矩阵的奇异性反映了矩阵中还没有考虑到单元两端与整个结构的联系，所以可以产生任意的刚体位移。

（5）分块性：在式（2-3）中，单元节点位移向量是由两个子向量组成的，每一子向量包含一个节点上的两个位移分量；在式（2-4）中，单元节点力向量也是由两个子向量组成的，

每一个子向量包含一个节点上的两个力分量；同样，在式（2-10）中，对单元刚度矩阵 $\bar{K}^e$ 的行与列按同样的原则划分，这样就得到单元刚度矩阵 $\bar{K}^e$ 的分块形式。若将其中每一子块记作 $\bar{K}^e_{ij}$，则式（2-12）可写为

$$\bar{K}^e = \begin{bmatrix} \bar{K}^e_{ii} & \bar{K}^e_{ij} \\ \bar{K}^e_{ji} & \bar{K}^e_{jj} \end{bmatrix} \qquad (2\text{-}13)$$

式（2-11）若按单元节点向量的形式可写为

$$\begin{bmatrix} \bar{F}^e_i \\ \bar{F}^e_j \end{bmatrix} = \begin{bmatrix} \bar{K}^e_{ii} & \bar{K}^e_{ij} \\ \bar{K}^e_{ji} & \bar{K}^e_{jj} \end{bmatrix} \begin{bmatrix} \bar{\delta}_i \\ \bar{\delta}_j \end{bmatrix} \qquad (2\text{-}14)$$

由上式可以得出单元节点力向量为

$$\left. \begin{aligned} \bar{F}^e_i &= \bar{K}^e_{ii}\bar{\delta}_i + \bar{K}^e_{ij}\bar{\delta}_j \\ \bar{F}^e_j &= \bar{K}^e_{ji}\bar{\delta}_i + \bar{K}^e_{jj}\bar{\delta}_j \end{aligned} \right\} \qquad (2\text{-}15)$$

在式（2-12）中，每个单元刚度矩阵可划分为 4 个子刚度矩阵，由于每个单元有 2 个节点，所以每个子刚度矩阵为 2×2 阶矩阵。主对角线上的子块反映了单元上同一节点处的力与位移的关系，如 $\bar{K}^e_{ii}$ 反映了单元 e 上节点 i 的力与该点上的位移之间的关系，而非对角线上的子块反映的是单元 e 上不同节点上的力与位移的关系，如 $\bar{K}^e_{ij}$ 反映了单元 e 上节点 i 上的力与节点 j 上的位移之间的关系。

上述性质虽然是针对平面桁架杆单元来讨论的，但仍具有普遍性。尽管其他各种单元的自由度数可能不同，刚度系数也可能不同，但其刚度矩阵仍具有以上性质。

2.2.2　整体坐标系下的单元刚度矩阵

在 2.2.1 节中，对局部坐标系下单元的特性进行了研究。可以看出，在局部坐标系下，单元刚度矩阵的形式是完全相同的，分析也十分方便。但是，由于各个单元的空间位置各不相同，在整体坐标系下，单元的局部坐标系的空间位置也各不相同。因此，为了能将单元集合起来进行整体分析，用局部坐标系分析就不那么方便了。为此需要设置一个整体坐标系，其不随单元位置的变化而变化，应是整个结构的公共的、统一的坐标系。在进行整体分析之前，需对整体坐标系和局部坐标系进行坐标变换，把在 2.2.1 节中得到的局部坐标系下的单元刚度矩阵 $\bar{K}^e$ 转换成整体坐标系下的单元刚度矩阵 K^e。

1. 坐标变换

在整体坐标系下，同样可以将节点位移和节点力用向量的形式表示为

$$\begin{aligned} \delta_i &= \begin{bmatrix} u_i \\ v_i \end{bmatrix}, \quad \delta_j = \begin{bmatrix} u_j \\ v_j \end{bmatrix} \\ F^e_i &= \begin{bmatrix} F_{xi} \\ F_{yi} \end{bmatrix}, \quad F^e_j = \begin{bmatrix} F_{xj} \\ F_{yj} \end{bmatrix} \end{aligned} \qquad (2\text{-}16)$$

式中，δ_i 和 δ_j 分别表示节点 i 和 j 在整体坐标系下的位移向量；F^e_i 和 F^e_j 分别表示节点 i 和 j

在整体坐标系下的节点力向量。

在整体坐标系下，单元节点位移和节点力向量分别为

$$\boldsymbol{\delta}^e = \begin{bmatrix} \boldsymbol{\delta}_i \\ \boldsymbol{\delta}_j \end{bmatrix} = \begin{bmatrix} u_i \\ v_i \\ u_j \\ v_j \end{bmatrix}, \quad \boldsymbol{F}^e = \begin{bmatrix} \boldsymbol{F}_i^e \\ \boldsymbol{F}_j^e \end{bmatrix} = \begin{bmatrix} F_{xi} \\ F_{yi} \\ F_{xj} \\ F_{yj} \end{bmatrix} \tag{2-17}$$

在平面桁架问题中，整体坐标系与单元局部坐标系的空间位置关系如图 2-4 所示，整体坐标系 x 轴与局部坐标系 $\overline{x}$ 轴之间的夹角为 α，规定夹角 α 由 x 轴向 $\overline{x}$ 轴逆时针旋转为正。

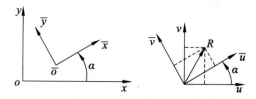

图 2-4　局部坐标系与整体坐标系及其变换

局部坐标系和整体坐标系下的节点位移之间的关系为

$$\left. \begin{array}{l} \overline{u} = u\cos\alpha + v\sin\alpha \\ \overline{v} = v\cos\alpha - u\sin\alpha \end{array} \right\} \tag{2-18}$$

式（2-18）用矩阵的形式表示为

$$\begin{bmatrix} \overline{u} \\ \overline{v} \end{bmatrix} = \begin{bmatrix} \cos\alpha & \sin\alpha \\ -\sin\alpha & \cos\alpha \end{bmatrix} \begin{bmatrix} u \\ v \end{bmatrix} \tag{2-19}$$

令

$$\boldsymbol{\lambda} = \begin{bmatrix} \cos\alpha & \sin\alpha \\ -\sin\alpha & \cos\alpha \end{bmatrix}$$

则 $\boldsymbol{\lambda}$ 称为节点坐标变换矩阵，为 2×2 阶矩阵。此时式（2-19）为

$$\begin{bmatrix} \overline{u} \\ \overline{v} \end{bmatrix} = \boldsymbol{\lambda} \begin{bmatrix} u \\ v \end{bmatrix} \tag{2-20}$$

单元节点位移的坐标变换公式为

$$\begin{bmatrix} \overline{u}_i \\ \overline{v}_i \\ \overline{u}_j \\ \overline{v}_j \end{bmatrix} = \begin{bmatrix} \boldsymbol{\lambda} & 0 \\ 0 & \boldsymbol{\lambda} \end{bmatrix} \begin{bmatrix} u_i \\ v_i \\ u_j \\ v_j \end{bmatrix} \tag{2-21}$$

式（2-21）可化简为

$$\overline{\boldsymbol{\delta}}^e = \boldsymbol{T}\boldsymbol{\delta}^e \tag{2-22}$$

式中，$\boldsymbol{T}$ 称为单元坐标变换矩阵，为 4×4 阶矩阵，且

$$T = \begin{bmatrix} \lambda & 0 \\ 0 & \lambda \end{bmatrix} = \begin{bmatrix} \cos\alpha & \sin\alpha & & 0 \\ -\sin\alpha & \cos\alpha & & \\ & & \cos\alpha & \sin\alpha \\ 0 & & -\sin\alpha & \cos\alpha \end{bmatrix} \tag{2-23}$$

对单元节点力，同样有类似的转换关系：

$$\bar{F}^e = TF^e \tag{2-24}$$

2. 整体坐标系下的单元刚度矩阵

若假设在整体坐标系中单元节点力和节点位移之间的关系式为

$$F^e = K^e \delta^e \tag{2-25}$$

则由单元节点力的坐标变换关系式（2-24）有

$$F^e = T^T \bar{F}^e \tag{2-26}$$

因为 T 是正交变换矩阵，所以 $T^{-1} = T^T$（正交变换矩阵的判定方法是：同一行或同一列各元素的平方和等于 1，不同行或不同列对应元素乘积之和等于 0）。

将式（2-11）代入式（2-26）有

$$F^e = T^T \bar{K}^e \bar{\delta}^e \tag{2-27}$$

再将式（2-22）代入式（2-27）有

$$F^e = T^T \bar{K}^e T \bar{\delta}^e \tag{2-28}$$

比较式（2-25）和式（2-28），则有

$$K^e = T^T \bar{K}^e T \tag{2-29}$$

式（2-29）即为整体坐标系下的单元刚度矩阵 K^e 与局部坐标系下的单元刚度矩阵 $\bar{K}^e$ 之间的关系式，即由式（2-28）建立了单元在整体坐标系下的节点力与节点位移之间的关系式。

整体坐标系下的单元刚度矩阵 K^e 写为子刚度矩阵的形式为

$$K^e = T^T \bar{K}^e T = \begin{bmatrix} \lambda^T & 0 \\ 0 & \lambda^T \end{bmatrix} \begin{bmatrix} \bar{K}^e_{ii} & \bar{K}^e_{ij} \\ \bar{K}^e_{ji} & \bar{K}^e_{jj} \end{bmatrix} \begin{bmatrix} \lambda & 0 \\ 0 & \lambda \end{bmatrix}$$
$$= \begin{bmatrix} \lambda^T \bar{K}^e_{ii} \lambda & \lambda^T \bar{K}^e_{ij} \lambda \\ \lambda^T \bar{K}^e_{ji} \lambda & \lambda^T \bar{K}^e_{jj} \lambda \end{bmatrix} = \begin{bmatrix} K^e_{ii} & K^e_{ij} \\ K^e_{ji} & K^e_{jj} \end{bmatrix} \tag{2-30}$$

即有

$$K^e_{ij} = \lambda^T \bar{K}^e_{ij} \lambda \tag{2-31}$$

式（2-29）中，若按单元节点向量的形式可写为

$$\begin{bmatrix} F^e_i \\ F^e_j \end{bmatrix} = \begin{bmatrix} K^e_{ii} & K^e_{ij} \\ K^e_{ji} & K^e_{jj} \end{bmatrix} \begin{bmatrix} \delta_i \\ \delta_j \end{bmatrix} \tag{2-32}$$

整体坐标系下的单元刚度矩阵 $\boldsymbol{K}^e$ 仍为 4×4 阶矩阵,且具有局部坐标系下单元刚度矩阵的所有特性。

2.2.3 整体分析

求得在整体坐标系下的刚度矩阵 $\boldsymbol{K}^e$ 后,单元刚度矩阵分析结束,进入结构整体分析。在整体分析中,需采用整体坐标系,如图 2-2 所示的整体坐标系 $oxyz$。要把离散模型的所有单元重新集合起来,需以单元节点为研究对象,建立单元节点力与作用于节点的外载荷和结构支撑处的支座反力的力平衡方程,导出以节点位移为未知数的线性方程组——有限元方程。

1. 等效节点载荷计算

对于作用在节点上的载荷,可以直接与单元节点力建立平衡方程。但对于非节点载荷,必须进行等效处理转化,使之成为等效节点载荷,在组建有限元方程时按节点外载荷的方式进行处理。

将非节点载荷转换到节点上,转化为等效节点载荷,应按静力等效原则来进行。由此转化而引起的内力和应力差异,只是局部的,不会影响整个结构上的应力分布。在桁架结构中,将其中某一杆件上的非节点载荷转化为等效节点载荷,只影响该杆件上的应力分布,而对其他杆件的应力不产生影响。

对于杆系结构,既可以根据单元的连接方式用力法计算等效节点载荷,也可以用虚功等效原理(原载荷和等效节点载荷在任何虚位移上所做的虚功都相等)或用变分原理求得等效节点载荷。在桁架结构中,铰节点即为单元的节点,由于铰节点仅传递力,因此,以下根据单元连接方式用力法计算等效节点载荷。

对于图 2-5(a)所示承受集中载荷的杆单元,设单元长度为 l,集中力 P 距节点 i 的距离为 a,距节点 j 的距离为 b。

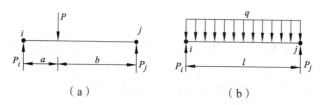

(a)   (b)

图 2-5 集中力和均布载荷的等效节点载荷

由于单元两端为铰接,则两节点的等效节点载荷分别为

$$
\left.
\begin{array}{l}
P_i^e = \dfrac{b}{l}P \\[2mm]
P_j^e = \dfrac{a}{l}P
\end{array}
\right\}
\tag{2-33}
$$

对于图 2-5(b)所示承受均布线载荷的杆单元,如其上作用有均匀分布载荷 q,则相应的等效节点载荷为

$$
P_i^e = P_j^e = \frac{ql}{2}
\tag{2-34}
$$

等效节点载荷的方向与原载荷方向一致。如果原载荷沿着某一坐标轴方向，那么等效节点载荷也沿该坐标方向；如果原载荷与坐标轴斜交，那么，该载荷将按坐标轴方向进行分解，求得相应坐标轴方向上的等效节点载荷。

2. 求整体刚度矩阵

图 2-2 所示的桁架结构由 7 个平面杆单元和 5 个节点组成，每个节点有 2 个自由度，整个有限元模型共有 10 个自由度，即模型的节点位移分量共有 10 个，用节点位移向量的形式表示为

$$\boldsymbol{\delta} = \begin{bmatrix} \boldsymbol{\delta}_1 & \boldsymbol{\delta}_2 & \boldsymbol{\delta}_3 & \boldsymbol{\delta}_4 & \boldsymbol{\delta}_5 \end{bmatrix}^T = \begin{bmatrix} u_1 & v_1 & u_2 & v_2 & u_3 & v_3 & u_4 & v_4 & u_5 & v_5 \end{bmatrix}^T$$

相应地，每个节点有 2 个方向的节点载荷分量，包括作用于节点的载荷和支座反力。因此，模型的节点的载荷分量也有 10 个，用力向量的形式表示为：

$$\begin{aligned} \boldsymbol{P} &= \begin{bmatrix} \boldsymbol{P}_1 & \boldsymbol{P}_2 & \boldsymbol{P}_3 & \boldsymbol{P}_4 & \boldsymbol{P}_5 \end{bmatrix}^T \\ &= \begin{bmatrix} P_{x1} & P_{y1} & P_{x2} & P_{y2} & P_{x3} & P_{y3} & P_{x4} & P_{y4} & P_{x5} & P_{y5} \end{bmatrix}^T \\ &= \begin{bmatrix} R_{x1} & R_{y1} & 0 & -P & 0 & 0 & 0 & -P & 0 & R_{y2} \end{bmatrix}^T \end{aligned}$$

根据整体坐标系下单元刚度矩阵的分块性，可将单元①、②、③、④、⑤、⑥和⑦的节点力与节点位移写成如下子刚度矩阵的形式：

对于单元①

$$\begin{bmatrix} \boldsymbol{F}_1^① \\ \boldsymbol{F}_2^① \end{bmatrix} = \begin{bmatrix} \boldsymbol{K}_{11}^① & \boldsymbol{K}_{12}^① \\ \boldsymbol{K}_{21}^① & \boldsymbol{K}_{22}^① \end{bmatrix} \begin{bmatrix} \boldsymbol{\delta}_1 \\ \boldsymbol{\delta}_2 \end{bmatrix}$$

对于单元②

$$\begin{bmatrix} \boldsymbol{F}_1^② \\ \boldsymbol{F}_3^② \end{bmatrix} = \begin{bmatrix} \boldsymbol{K}_{11}^② & \boldsymbol{K}_{13}^② \\ \boldsymbol{K}_{31}^② & \boldsymbol{K}_{33}^② \end{bmatrix} \begin{bmatrix} \boldsymbol{\delta}_1 \\ \boldsymbol{\delta}_3 \end{bmatrix}$$

对于单元③

$$\begin{bmatrix} \boldsymbol{F}_2^③ \\ \boldsymbol{F}_3^③ \end{bmatrix} = \begin{bmatrix} \boldsymbol{K}_{22}^③ & \boldsymbol{K}_{23}^③ \\ \boldsymbol{K}_{32}^③ & \boldsymbol{K}_{33}^③ \end{bmatrix} \begin{bmatrix} \boldsymbol{\delta}_2 \\ \boldsymbol{\delta}_3 \end{bmatrix}$$

该单元的局部节点号 i 是整体节点号 3，局部节点号 j 是整体节点号 2，故该式顺序为 3、2。

对于单元④

$$\begin{bmatrix} \boldsymbol{F}_2^④ \\ \boldsymbol{F}_4^④ \end{bmatrix} = \begin{bmatrix} \boldsymbol{K}_{22}^④ & \boldsymbol{K}_{24}^④ \\ \boldsymbol{K}_{42}^④ & \boldsymbol{K}_{44}^④ \end{bmatrix} \begin{bmatrix} \boldsymbol{\delta}_2 \\ \boldsymbol{\delta}_4 \end{bmatrix}$$

对于单元⑤

$$\begin{bmatrix} \boldsymbol{F}_3^⑤ \\ \boldsymbol{F}_4^⑤ \end{bmatrix} = \begin{bmatrix} \boldsymbol{K}_{33}^⑤ & \boldsymbol{K}_{34}^⑤ \\ \boldsymbol{K}_{43}^⑤ & \boldsymbol{K}_{44}^⑤ \end{bmatrix} \begin{bmatrix} \boldsymbol{\delta}_3 \\ \boldsymbol{\delta}_4 \end{bmatrix}$$

对于单元⑥

$$\begin{bmatrix} \boldsymbol{F}_3^{⑥} \\ \boldsymbol{F}_5^{⑥} \end{bmatrix} = \begin{bmatrix} \boldsymbol{K}_{33}^{⑥} & \boldsymbol{K}_{35}^{⑥} \\ \boldsymbol{K}_{53}^{⑥} & \boldsymbol{K}_{55}^{⑥} \end{bmatrix} \begin{bmatrix} \boldsymbol{\delta}_3 \\ \boldsymbol{\delta}_5 \end{bmatrix}$$

对于单元⑦

$$\begin{bmatrix} \boldsymbol{F}_4^{⑦} \\ \boldsymbol{F}_5^{⑦} \end{bmatrix} = \begin{bmatrix} \boldsymbol{K}_{44}^{⑦} & \boldsymbol{K}_{45}^{⑦} \\ \boldsymbol{K}_{54}^{⑦} & \boldsymbol{K}_{55}^{⑦} \end{bmatrix} \begin{bmatrix} \boldsymbol{\delta}_4 \\ \boldsymbol{\delta}_5 \end{bmatrix}$$

该单元的局部节点号 i 是整体节点号 5，局部节点号 j 是整体节点号 4，故该式顺序为 5、4。

现以节点 2 为例，建立节点位移与节点载荷的关系式。与节点 2 相连的单元共有 3 个，分别为单元①、③和④，单元①包含的节点为 1 和 2；单元③包含的节点为 2 和 3；单元④包含的节点为 2 和 4。每个平面杆单元 e 都受到节点 2 对单元的作用力 $\boldsymbol{F}_2^e$。由于作用力与反作用力的关系，单元 e 对节点 2 的作用力为 $-\boldsymbol{F}_2^e$。在节点 2 上，全部单元对节点的作用力与作用于节点上的载荷相平衡，满足关系式

$$\sum_{e=1,3,4} -\boldsymbol{F}_2^e + \boldsymbol{P}_2 = 0 \text{ 或 } \sum_{e=1,3,4} \boldsymbol{F}_2^e = \boldsymbol{P}_2$$

由于单元刚度矩阵的分块性，节点 2 对每个单元的作用力用子刚度矩阵表示为：
对于单元①

$$\boldsymbol{F}_2^{①} = \boldsymbol{K}_{22}^{①}\boldsymbol{\delta}_2 + \boldsymbol{K}_{21}^{①}\boldsymbol{\delta}_1$$

对于单元③

$$\boldsymbol{F}_2^{③} = \boldsymbol{K}_{22}^{③}\boldsymbol{\delta}_2 + \boldsymbol{K}_{23}^{③}\boldsymbol{\delta}_3$$

对于单元④

$$\boldsymbol{F}_2^{④} = \boldsymbol{K}_{22}^{④}\boldsymbol{\delta}_2 + \boldsymbol{K}_{24}^{④}\boldsymbol{\delta}_4$$

将单元①、③和④对节点 2 的作用力代入上式得

$$\boldsymbol{F}_2^{①} + \boldsymbol{F}_2^{③} + \boldsymbol{F}_2^{④} = (\boldsymbol{K}_{22}^{①} + \boldsymbol{K}_{22}^{③} + \boldsymbol{K}_{22}^{④})\boldsymbol{\delta}_2 + \boldsymbol{K}_{21}^{①}\boldsymbol{\delta}_1 + \boldsymbol{K}_{23}^{③}\boldsymbol{\delta}_3 + \boldsymbol{K}_{24}^{④}\boldsymbol{\delta}_4 = \boldsymbol{P}_2$$

同理，可以对其余节点进行分析，得出节点位移与节点载荷的向量关系式，并将其综合，得出整个模型的节点位移与节点载荷用向量表示的关系式为

$$\boldsymbol{K}\boldsymbol{\delta} = \boldsymbol{P} \tag{2-35}$$

其中

$$\boldsymbol{K} = \begin{bmatrix} \boldsymbol{K}_{11}^{①} + \boldsymbol{K}_{11}^{②} & \boldsymbol{K}_{12}^{①} & \boldsymbol{K}_{13}^{②} & 0 & 0 \\ \boldsymbol{K}_{21}^{①} & \boldsymbol{K}_{22}^{①} + \boldsymbol{K}_{22}^{③} + \boldsymbol{K}_{22}^{④} & \boldsymbol{K}_{23}^{③} & \boldsymbol{K}_{24}^{④} & 0 \\ \boldsymbol{K}_{31}^{②} & \boldsymbol{K}_{32}^{③} & \boldsymbol{K}_{33}^{②} + \boldsymbol{K}_{33}^{③} + \boldsymbol{K}_{33}^{⑤} + \boldsymbol{K}_{33}^{⑥} & \boldsymbol{K}_{34}^{⑤} & \boldsymbol{K}_{35}^{⑥} \\ 0 & \boldsymbol{K}_{42}^{④} & \boldsymbol{K}_{43}^{⑤} & \boldsymbol{K}_{44}^{④} + \boldsymbol{K}_{44}^{⑤} + \boldsymbol{K}_{44}^{⑦} & \boldsymbol{K}_{45}^{⑦} \\ 0 & 0 & \boldsymbol{K}_{53}^{⑥} & \boldsymbol{K}_{54}^{⑦} & \boldsymbol{K}_{55}^{⑥} + \boldsymbol{K}_{55}^{⑦} \end{bmatrix}$$

$$\tag{2-36}$$

式中，$\boldsymbol{K}$ 为整体刚度矩阵，为 10×10 阶矩阵。

式（2-35）用子刚度矩阵表示的形式为

$$\begin{bmatrix} \boldsymbol{K}_{11}^{①}+\boldsymbol{K}_{11}^{②} & \boldsymbol{K}_{12}^{①} & \boldsymbol{K}_{13}^{②} & 0 & 0 \\ \boldsymbol{K}_{21}^{①} & \boldsymbol{K}_{22}^{①}+\boldsymbol{K}_{22}^{③}+\boldsymbol{K}_{22}^{④} & \boldsymbol{K}_{23}^{③} & \boldsymbol{K}_{24}^{④} & 0 \\ \boldsymbol{K}_{31}^{②} & \boldsymbol{K}_{32}^{③} & \boldsymbol{K}_{33}^{②}+\boldsymbol{K}_{33}^{③}+\boldsymbol{K}_{33}^{⑤}+\boldsymbol{K}_{33}^{⑥} & \boldsymbol{K}_{34}^{⑤} & \boldsymbol{K}_{35}^{⑥} \\ 0 & \boldsymbol{K}_{42}^{④} & \boldsymbol{K}_{43}^{⑤} & \boldsymbol{K}_{44}^{④}+\boldsymbol{K}_{44}^{⑤}+\boldsymbol{K}_{44}^{⑦} & \boldsymbol{K}_{45}^{⑦} \\ 0 & 0 & \boldsymbol{K}_{53}^{⑥} & \boldsymbol{K}_{54}^{⑦} & \boldsymbol{K}_{55}^{⑥}+\boldsymbol{K}_{55}^{⑦} \end{bmatrix} \begin{bmatrix} \delta_1 \\ \delta_2 \\ \delta_3 \\ \delta_4 \\ \delta_5 \end{bmatrix} = \begin{bmatrix} \boldsymbol{P}_1 \\ \boldsymbol{P}_2 \\ \boldsymbol{P}_3 \\ \boldsymbol{P}_4 \\ \boldsymbol{P}_5 \end{bmatrix}$$

$$（2\text{-}37）$$

式（2-35）或式（2-37）称为模型的有限元方程。如果单元的节点自由度为 m、总节点数为 N，则整体刚度矩阵的阶数为 $m \cdot N \times m \cdot N$；节点位移列向量的元素为 $m \cdot N$ 个；节点载荷列向量元素为 $m \cdot N$ 个。

从上述分析可以看出，整体刚度矩阵中的元素是由有关单元的单元刚度矩阵中的元素叠加而成的。例如在式（2-36）中，整体刚度矩阵中的 $\boldsymbol{K}_{11}$ 是由单元①的 $\boldsymbol{K}_{11}^1$ 和单元②的 $\boldsymbol{K}_{11}^2$ 叠加而成；又如在式（2-36）中，整体刚度矩阵中的 $\boldsymbol{K}_{33}$ 是由单元②的 $\boldsymbol{K}_{33}^2$、单元③的 $\boldsymbol{K}_{33}^3$、单元⑤的 $\boldsymbol{K}_{33}^5$ 和单元⑥的 $\boldsymbol{K}_{33}^6$ 叠加而成。可以认为是每个单元的刚度对结构刚度的贡献。反映到整体刚度矩阵中，应根据单元在结构中的位置，将单元刚度矩阵中的元素放入总刚度矩阵的相应位置上。实际上，单元对结构刚度贡献可以逐点来考虑，由于每个节点有 2 个自由度，且连在一起编号，因此将单元刚度矩阵放入整体刚度矩阵时，不必逐个元素进行，而可以逐个子块来进行。此外，由于节点 1 分别与节点 4 和 5 及节点 2 与节点 5 不在同一个单元上，所以在整体刚度矩阵中，$\boldsymbol{K}_{14}$、$\boldsymbol{K}_{41}$、$\boldsymbol{K}_{15}$、$\boldsymbol{K}_{51}$、$\boldsymbol{K}_{25}$ 和 $\boldsymbol{K}_{52}$ 均为零，以上这种确定有限元模型整体刚度矩阵的方法称为"刚度集成法"。

由式（2-36）的整体刚度矩阵可以看出，整体刚度矩阵 $\boldsymbol{K}$ 与单元刚度矩阵 $\bar{\boldsymbol{K}}^e$ 一样，具有以下相似的性质：

（1）$\boldsymbol{K}$ 是结构上的节点位移向量与节点载荷向量之间的转换矩阵。

（2）矩阵中的元素均为刚度系数，其力学意义是：同一行所有元素是所有节点位移对同一个节点力的影响系数（或称贡献系数）；同一列的所有元素是同一个节点位移对所有节点力的影响系数。

（3）对称性：由功的互等定理可知，$\boldsymbol{K}_{ij} = \boldsymbol{K}_{ji}$。从而可知整体刚度矩阵是个对称阵。这个性质可为整体刚度矩阵的存放节省内存。一般来说，只要存放矩阵的下三角或上三角就可以了。

（4）分块性：处于主对角线上的子块称为主子块，其余子块称为副子块。主子块反映的是同一节点处的力与位移的关系，为正非零子块。副子块反映了结构上不同节点间的力与位移的相互关系。对于副子块 $\boldsymbol{K}_{ij}$，如果节点 i 与节点 j 在一个单元上，则 $\boldsymbol{K}_{ij}$ 是非零子块；如果节点 i 与节点 j 不在一个单元上，则 $\boldsymbol{K}_{ij}$ 就是零子块。

（5）稀疏性：即在 $\boldsymbol{K}$ 中的非零元素集中在主对角线的周围，在其余位置上存在大量的零元素。其主要原因是只有在同一单元上的各个节点之间才能形成子刚度矩阵和整体刚度矩阵的元素，不在同一单元上的各个节点不形成刚度矩阵的元素。因此，整体刚度矩阵中有大量零子块，如式（2-36）所示。

（6）奇异性：即刚度矩阵 K 对应的行列式值为零，因此 K 是奇异阵。其力学原因是结构上的几何约束还未在有限元方程式（2-35）中体现，其结构的刚体位移尚未消除，该结构属于自由结构。由于没有位移限制，求解其位移时，结构可以在任何位置处于平衡状态，其位移有无穷多组解。为了使公式（2-35）有定解，必须对其修正——引入约束条件。

3. 约束条件的引入

由于整体刚度矩阵的奇异性，必须对整体刚度矩阵进行修正，即引入约束条件后才能求解。进行有限元方程修正时，必须限制结构刚体运动的线位移和角位移，即消除结构刚体运动的自由度。对于平面结构至少应合理布置 3 个方向的约束；对于空间结构至少应有 6 个方向的约束。在实际结构中，应按结构约束的实际情况，合理地选择某些节点的某些自由度（线位移或角位移），使其位移值为零，或为某个定值，修正后的有限元方程式（2-35）或式（2-37）即可求解，而且其系数矩阵（修正后的总体刚度矩阵）是正定矩阵，可以不必换主元而顺利求解。引入约束条件常用的几种方法是：

（1）划行划列法。

把整体刚度矩阵中位移为零的自由度所对应的行、列和相应的载荷项划去，缩小线性方程组的规模。其原因是：若节点位移已知可不必再解，该方程可以划去，同时该位移对其他方程的影响也为零。因此，尽管在其他方程中该位移前的系数不为零，但在整体刚度矩阵中这些列仍然可以划去。最后只剩下对求解未知位移有用的系数矩阵和载荷项。例如有以下方程组：

$$\begin{bmatrix} k_{11} & k_{12} & k_{13} & k_{14} & k_{15} & k_{16} \\ k_{21} & k_{22} & k_{23} & k_{24} & k_{25} & k_{26} \\ k_{31} & k_{32} & k_{33} & k_{34} & k_{35} & k_{36} \\ k_{41} & k_{42} & k_{43} & k_{44} & k_{45} & k_{46} \\ k_{51} & k_{52} & k_{53} & k_{54} & k_{55} & k_{56} \\ k_{61} & k_{62} & k_{63} & k_{64} & k_{65} & k_{66} \end{bmatrix} \begin{bmatrix} \delta_1 \\ \delta_2 \\ \delta_3 \\ \delta_4 \\ \delta_5 \\ \delta_6 \end{bmatrix} = \begin{bmatrix} P_1 \\ P_2 \\ P_3 \\ P_4 \\ P_5 \\ P_6 \end{bmatrix} \qquad (2-38)$$

当 $X_5 = 0$ 时，则 P_5 未知，因此划去系数阵第 5 行和右端载荷项的第 5 行。由于 $X_5 = 0$，系数矩阵的第 5 列的其他元素在其他方程中不再起作用，也可以划去。用划行划列法引入约束条件，原理简单，且可以降低系数矩阵的规模，但是划行划列之后需将节点编号重新编排一下，编程不大方便。这种方法不能用于非零位移的约束条件。

（2）主对角线元素置"1"法。

在刚度系数阵 K 中，如果第 i 个位移自由度 $\delta_i = 0$，那么将其所对应的行和列中的全部元素都置"0"，而在行和列交点处的元素置"1"，同时将右端载荷项中相应的元素置为"0"。例如，在式（2-38）中，当 $X_5 = 0$ 时，则方程式（2-38）可以写成如下形式：

$$\begin{bmatrix} k_{11} & k_{12} & k_{13} & k_{14} & 0 & k_{16} \\ k_{21} & k_{22} & k_{23} & k_{24} & 0 & k_{26} \\ k_{31} & k_{32} & k_{33} & k_{34} & 0 & k_{36} \\ k_{41} & k_{42} & k_{43} & k_{44} & 0 & k_{46} \\ 0 & 0 & 0 & 0 & 1 & 0 \\ k_{61} & k_{62} & k_{63} & k_{64} & 0 & k_{66} \end{bmatrix} \begin{bmatrix} X_1 \\ X_2 \\ X_3 \\ X_4 \\ X_5 \\ X_6 \end{bmatrix} = \begin{bmatrix} P_1 \\ P_2 \\ P_3 \\ P_4 \\ 0 \\ P_6 \end{bmatrix}$$

从上式取出第 5 个方程简化得

$$X_5 = 0$$

　　这就是约束条件，这种做法既引入了约束条件，又保持了原方程的阶数与对称性，是处理固定约束条件的常用方法，但是这一方法一般不能直接用于非零位移约束。

　　（3）主元赋大值法。

　　如果说主对角线元素置"1"法引入的位移约束条件是精确的话，那么主元赋大值法引入的位移约束条件是近似的。

　　在刚度系数矩阵 $\boldsymbol{K}$ 中，如果第 i 个位移自由度 $\delta_i = \delta_i^*$，那么将系数矩阵中对应的主元赋一个大值 A（如 $A=10^{20}$），右端载荷项中的对应行用此大值与已知位移的乘积 $A\delta_5^*$ 代替。

　　例如，在式（2-38）中，当 $X_5 = \delta_5^*$ 时，则方程式（2-38）可以写成如下形式：

$$
\begin{bmatrix}
k_{11} & k_{12} & k_{13} & k_{14} & k_{15} & k_{16} \\
k_{21} & k_{22} & k_{23} & k_{24} & k_{25} & k_{26} \\
k_{31} & k_{32} & k_{33} & k_{34} & k_{35} & k_{36} \\
k_{41} & k_{42} & k_{43} & k_{44} & k_{45} & k_{46} \\
k_{51} & k_{52} & k_{53} & k_{54} & A & k_{56} \\
k_{61} & k_{62} & k_{63} & k_{64} & k_{65} & k_{66}
\end{bmatrix}
\begin{bmatrix}
X_1 \\ X_2 \\ X_3 \\ X_4 \\ X_5 \\ X_6
\end{bmatrix}
=
\begin{bmatrix}
P_1 \\ P_2 \\ P_3 \\ P_4 \\ A\delta_5^* \\ P_6
\end{bmatrix}
$$

从上式取出第 5 个方程

$$k_{51}\delta_1 + k_{52}\delta_2 + k_{53}\delta_3 + k_{54}\delta_4 + A\delta_5 + k_{56}\delta_6 = A\delta_5^*$$

方程的两端均除以大值 A（如 $A=10^{20}$），由于各个刚度系数远远小于 A，略去小项得

$$X_5 = \delta_5^*$$

只要 A 足够大，上式同样可以近似地表示已知的位移约束条件。

　　这种方法在计算程序处理中十分方便，在引入支承条件的同时，保持了原方程的阶数与对称性。更大的优点是它们既能用于零位移约束，也可以用于非零位移约束，是常用的引入约束条件的方法。

4. 求单元内力

　　对有限元方程式（2-35）引入约束条件，在整体坐标系下求得全部节点位移，经过坐标变换求得局部坐标系下的单元节点位移 $\bar{\boldsymbol{\delta}}^e = \boldsymbol{T}\boldsymbol{\delta}^e$；利用局部坐标系下的单元节点位移与节点力的关系式 $\bar{\boldsymbol{F}}^e = \bar{\boldsymbol{K}}^e\bar{\boldsymbol{\delta}}^e$，求得局部坐标系下的单元节点力向量 $\bar{\boldsymbol{F}}^e$，将局部坐标系下的单元节点力向量 $\bar{\boldsymbol{F}}^e$ 与作用于单元上的力组合在一起，求出杆件的内力和应力，进而进行强度校核。

　　由于整体刚度矩阵的奇异性，必须对整体刚度矩阵进行修正即引入约束条件后才能求解。

5. 有限元法的求解步骤

　　由上面的介绍可知，有限元法求解桁架结构的步骤为：

　　（1）合理简化结构，将结构离散化（划分单元），选取局部和整体坐标系，对单元和节点编号；

　　（2）给出原始参数（各杆件的几何参数、材料特性参数、节点坐标等）；

（3）计算节点载荷列阵（节点载荷和等效节点载荷）；

（4）计算局部坐标系下的单元刚度矩阵 $\bar{K}^e$，确定每个单元的坐标转换矩阵 T，求得整体坐标系下的单元刚度矩阵 K^e；

（5）用刚度集成法形成整体刚度矩阵；

（6）引入约束条件；

（7）用线性方程组的求解方法（高斯消元法等）解方程组，求得节点位移；

（8）计算各杆件内力与应力，并可进行强度校核。

【例 2-1】 计算如图 2-6 所示平面桁架的节点位移和杆件的内力。设各杆件的截面尺寸和制造材料均相同，其截面面积为 $A = 4 \times 10^{-2}$ m^2，弹性模量 $E = 2.1 \times 10^{11}$ N/m^2。

解：

（1）结构离散化。

图 2-6（a）所示平面桁架的单元划分、节点和单元编号及整体坐标系与单元局部坐标系如图 2-6（b）所示。

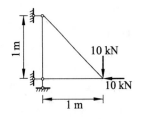
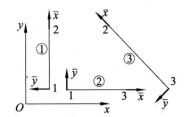

（a）平面桁架　　　　　　　　　（b）单元、节点编号与整体、局部坐标系

图 2-6　平面桁架及单元、节点编号与整体、局部坐标系

（2）计算单元在局部坐标系下的刚度矩阵。

因为图示的单元①和②的长度、截面尺寸和制造材料均相同，所以 2 个单元①和②在局部坐标系下的单元刚度矩阵完全相同。

由式（2-12）知，3 个单元刚度矩阵中各个元素的分别为：

对于单元①和②：

$$\frac{EA}{l} = 8.40 \times 10^9 \text{ N/m}$$

对于单元③：

$$\frac{EA}{l} = 5.9397 \times 10^9 \text{ N/m}$$

将以上各个参数代入式（2-12）得

$$\bar{K}^1 = \bar{K}^2 = 8.4 \times 10^9 \times \begin{bmatrix} 1 & 0 & -1 & 0 \\ 0 & 0 & 0 & 0 \\ -1 & 0 & 1 & 0 \\ 0 & 0 & 0 & 0 \end{bmatrix}, \quad \bar{K}^3 = 5.9397 \times 10^9 \times \begin{bmatrix} 1 & 0 & -1 & 0 \\ 0 & 0 & 0 & 0 \\ -1 & 0 & 1 & 0 \\ 0 & 0 & 0 & 0 \end{bmatrix}$$

（3）计算单元在整体坐标系下的刚度矩阵。

对于单元①，$\alpha = 90°$，代入式（2-23）求得单元的坐标变换矩阵为

$$T^1 = \begin{bmatrix} 0 & 1 & & \mathbf{0} \\ -1 & 0 & & \\ & & 0 & 1 \\ \mathbf{0} & & -1 & 0 \end{bmatrix}$$

由式（2-29）得该单元在整体坐标系下的刚度矩阵为

$$K^1 = 8.4 \times 10^9 \times \begin{bmatrix} 0 & -1 & 0 & 0 \\ 1 & 0 & 0 & 0 \\ 0 & 0 & 0 & -1 \\ 0 & 0 & 1 & 0 \end{bmatrix} \begin{bmatrix} 1 & 0 & -1 & 0 \\ 0 & 0 & 0 & 0 \\ -1 & 0 & 1 & 0 \\ 0 & 0 & 0 & 0 \end{bmatrix} \begin{bmatrix} 0 & 1 & 0 & 0 \\ -1 & 0 & 0 & 0 \\ 0 & 0 & 0 & 1 \\ 0 & 0 & -1 & 0 \end{bmatrix}$$

$$= 8.4 \times 10^9 \times \begin{bmatrix} 0 & 0 & 0 & 0 \\ 0 & 1 & 0 & -1 \\ 0 & 0 & 0 & 0 \\ 0 & -1 & 0 & 1 \end{bmatrix}$$

对于单元②，由于单元的局部坐标系与整体坐标系的方向相同，且 $\alpha = 0°$，则有

$$T^2 = I$$

$$K^2 = 8.4 \times 10^9 \times \begin{bmatrix} 1 & 0 & -1 & 0 \\ 0 & 0 & 0 & 0 \\ -1 & 0 & 1 & 0 \\ 0 & 0 & 0 & 0 \end{bmatrix}$$

对于单元③，$\alpha = 135°$，代入式（2-23）求得单元的坐标变换矩阵为

$$T^3 = \begin{bmatrix} -\sqrt{2}/2 & \sqrt{2}/2 & & \mathbf{0} \\ -\sqrt{2}/2 & -\sqrt{2}/2 & & \\ & & -\sqrt{2}/2 & \sqrt{2}/2 \\ \mathbf{0} & & -\sqrt{2}/2 & -\sqrt{2}/2 \end{bmatrix}$$

由式（2-29）得该单元在整体坐标系下的刚度矩阵为

$$K^3 = 5.9397 \times 10^9 \times \begin{bmatrix} -\sqrt{2}/2 & -\sqrt{2}/2 & & \mathbf{0} \\ \sqrt{2}/2 & -\sqrt{2}/2 & & \\ & & -\sqrt{2}/2 & -\sqrt{2}/2 \\ \mathbf{0} & & \sqrt{2}/2 & -\sqrt{2}/2 \end{bmatrix} \begin{bmatrix} 1 & 0 & -1 & 0 \\ 0 & 0 & 0 & 0 \\ -1 & 0 & 1 & 0 \\ 0 & 0 & 0 & 0 \end{bmatrix} \begin{bmatrix} -\sqrt{2}/2 & \sqrt{2}/2 & & \mathbf{0} \\ -\sqrt{2}/2 & -\sqrt{2}/2 & & \\ & & -\sqrt{2}/2 & \sqrt{2}/2 \\ \mathbf{0} & & -\sqrt{2}/2 & -\sqrt{2}/2 \end{bmatrix}$$

$$= 2.9698 \times 10^9 \times \begin{bmatrix} 1 & -1 & -1 & 1 \\ -1 & 1 & 1 & -1 \\ -1 & 1 & 1 & -1 \\ 1 & -1 & -1 & 1 \end{bmatrix}$$

（4）建立有限元方程。

根据图 2-6（b）所示单元和节点的位置关系，根据刚度集成法可导出平面桁架的有限元

方程，其用子刚度矩阵表示的形式为

$$\begin{bmatrix} P_1 \\ P_2 \\ P_3 \end{bmatrix} = \begin{bmatrix} K_{11}^{①}+K_{11}^{②} & K_{21}^{①} & K_{13}^{②} \\ K_{21}^{①} & K_{22}^{①}+K_{22}^{②} & K_{23}^{③} \\ K_{21}^{②} & K_{32}^{③} & K_{33}^{②}+K_{33}^{③} \end{bmatrix} \begin{bmatrix} \delta_1 \\ \delta_2 \\ \delta_3 \end{bmatrix}$$

将 3 个单元在整体坐标系的刚度矩阵和节点外载荷代入上式得

$$10^6 \times \begin{bmatrix} 8.4 & 0 & 0 & 0 & -8.4 & 0 \\ 0 & 8.4 & 0 & -8.4 & 0 & 0 \\ 0 & 0 & 2.9698 & -2.9698 & -2.9698 & 2.9698 \\ 0 & -8.4 & -2.9698 & 11.3698 & 2.9698 & -2.9698 \\ -8.4 & 0 & -2.9698 & 2.9698 & 11.3698 & -2.9698 \\ 0 & 0 & 2.9698 & -2.9698 & -2.9698 & 2.9698 \end{bmatrix} \begin{bmatrix} u_1 \\ v_1 \\ u_2 \\ v_2 \\ u_3 \\ v_3 \end{bmatrix} = \begin{bmatrix} P_{x1} \\ P_{y1} \\ P_{x2} \\ 0 \\ -10 \\ -10 \end{bmatrix} \quad (2\text{-}39)$$

（5）引入边界条件。

由于总刚度矩阵为奇异矩阵，所以上式的解不确定，必须引入边界条件。现采用对角元素置"1"法，将已知位移为 0 的行和列中的全部元素均置为"0"，在行和列的交点处的元素置为"1"；同时将力向量矩阵中已知位移为 0 的对应元素也置为"0"。

由图 2-6（a）知，在整体坐标系下，节点 1 沿两个坐标轴方向的线位移均为 0；节点 2 沿 x 轴方向的线位移均为 0，代入式（2-39）得

$$10^6 \times \begin{bmatrix} 1 & 0 & 0 & 0 & 0 & 0 \\ 0 & 1 & 0 & 0 & 0 & 0 \\ 0 & 0 & 1 & 0 & 0 & 0 \\ 0 & 0 & 0 & 11.3698 & 2.9698 & -2.9698 \\ 0 & 0 & 0 & 2.9698 & 11.3698 & -2.9698 \\ 0 & 0 & 0 & -2.9698 & -2.9698 & 2.9698 \end{bmatrix} \begin{bmatrix} 0 \\ 0 \\ 0 \\ v_2 \\ u_3 \\ v_3 \end{bmatrix} = \begin{bmatrix} 0 \\ 0 \\ 0 \\ 0 \\ -10^4 \\ -10^4 \end{bmatrix}$$

（6）求线性解方程组。

将上式中的方程 1、2 和 3 去掉，则上式简化为

$$\left. \begin{array}{l} 11.3698v_2 + 2.9698u_3 - 2.9698v_3 = 0 \\ 2.9698v_2 + 11.3698u_3 - 2.9698v_3 = -10^{-5} \\ -2.9698v_2 - 2.9698u_3 + 2.9698v_3 = -10^{-5} \end{array} \right\} \quad (2\text{-}40)$$

对式（2-40）求解得

$$v_2 = -1.1905 \times 10^{-6}, \ u_3 = -2.3810 \times 10^{-6}, \ v_3 = -6.9388 \times 10^{-6}$$

（7）计算节点位移引起的节点载荷。

由式（2-22）计算单元在局部坐标系下的节点位移，根据式（2-11）计算单元节点力。

对于单元①

$$\begin{bmatrix} \bar{u}_1 \\ \bar{v}_1 \\ \bar{u}_2 \\ \bar{v}_2 \end{bmatrix} = T^1 \begin{bmatrix} u_1 \\ v_1 \\ u_2 \\ v_2 \end{bmatrix} = \begin{bmatrix} 0 & 1 & 0 & 0 \\ -1 & 0 & 0 & 0 \\ 0 & 0 & 0 & 1 \\ 0 & 0 & -1 & 0 \end{bmatrix} \begin{bmatrix} 0 \\ 0 \\ 0 \\ -1.1905 \end{bmatrix} \times 10^{-6} = \begin{bmatrix} 0 \\ 0 \\ -1.1905 \\ 0 \end{bmatrix} \times 10^{-6}$$

$$\begin{bmatrix} \bar{F}_{x1}^1 \\ \bar{F}_{y1}^1 \\ \bar{F}_{x2}^1 \\ \bar{F}_{y2}^1 \end{bmatrix} = \bar{\boldsymbol{K}}^1 \begin{bmatrix} \bar{u}_1 \\ \bar{v}_1 \\ \bar{u}_2 \\ \bar{v}_2 \end{bmatrix} = 8.4 \times 10^3 \times \begin{bmatrix} 1 & 0 & -1 & 0 \\ 0 & 0 & 0 & 0 \\ -1 & 0 & 1 & 0 \\ 0 & 0 & 0 & 0 \end{bmatrix} \begin{bmatrix} 0 \\ 0 \\ -1.1905 \\ 0 \end{bmatrix} = \begin{bmatrix} 10.0 \\ 0 \\ -10.0 \\ 0 \end{bmatrix} \times 10^3$$

式中，$\bar{F}_{x1}^1 = -\bar{F}_{x2}^1 = 10 \text{ kN}$，即为单元①所受的力，表明单元①代表的杆件受压。

对于单元②，其局部坐标系与整体坐标系的方向相同，因此有

$$\begin{bmatrix} \bar{u}_1 \\ \bar{v}_1 \\ \bar{u}_3 \\ \bar{v}_3 \end{bmatrix} = \begin{bmatrix} 0 \\ 0 \\ -2.3810 \\ -6.9388 \end{bmatrix} \times 10^{-6}$$

$$\begin{bmatrix} \bar{F}_{x1}^2 \\ \bar{F}_{y1}^2 \\ \bar{F}_{x3}^2 \\ \bar{F}_{y3}^2 \end{bmatrix} = \bar{\boldsymbol{K}}^2 \begin{bmatrix} \bar{u}_1 \\ \bar{v}_1 \\ \bar{u}_3 \\ \bar{v}_3 \end{bmatrix} = 8.4 \times 10^3 \times \begin{bmatrix} 1 & 0 & -1 & 0 \\ 0 & 0 & 0 & 0 \\ -1 & 0 & 1 & 0 \\ 0 & 0 & 0 & 0 \end{bmatrix} \begin{bmatrix} 0 \\ 0 \\ -2.3810 \\ -6.9388 \end{bmatrix} = \begin{bmatrix} 20.0 \\ 0 \\ -20.0 \\ 0 \end{bmatrix} \times 10^3$$

式中，$\bar{F}_{x1}^2 = -\bar{F}_{x3}^2 = 20 \text{ kN}$，即为单元②所受的力，表明单元②代表的杆件受压。

对于单元③

$$\begin{bmatrix} \bar{u}_3 \\ \bar{v}_3 \\ \bar{u}_2 \\ \bar{v}_2 \end{bmatrix} = \boldsymbol{T}^3 \begin{bmatrix} u_3 \\ v_3 \\ u_2 \\ v_2 \end{bmatrix} = \begin{bmatrix} -\sqrt{2}/2 & \sqrt{2}/2 & & \\ -\sqrt{2}/2 & -\sqrt{2}/2 & & \boldsymbol{0} \\ & & -\sqrt{2}/2 & \sqrt{2}/2 \\ \boldsymbol{0} & & -\sqrt{2}/2 & -\sqrt{2}/2 \end{bmatrix} \begin{bmatrix} -2.3810 \\ -6.9387 \\ 0 \\ -1.1905 \end{bmatrix} \times 10^{-6} = \begin{bmatrix} -3.2228 \\ 6.5900 \\ -0.8418 \\ 0.8418 \end{bmatrix} \times 10^{-6}$$

$$\begin{bmatrix} \bar{F}_{x3}^3 \\ \bar{F}_{y3}^3 \\ \bar{F}_{x2}^3 \\ \bar{F}_{y2}^3 \end{bmatrix} = \bar{\boldsymbol{K}}^3 \begin{bmatrix} \bar{u}_3 \\ \bar{v}_3 \\ \bar{u}_2 \\ \bar{v}_2 \end{bmatrix} = 5.9397 \times 10^9 \times \begin{bmatrix} 1 & 0 & -1 & 0 \\ 0 & 0 & 0 & 0 \\ -1 & 0 & 1 & 0 \\ 0 & 0 & 0 & 0 \end{bmatrix} \begin{bmatrix} -3.2228 \\ 6.5900 \\ -0.8418 \\ 0.8418 \end{bmatrix} \times 10^{-6} = \begin{bmatrix} -14.1424 \\ 0 \\ 14.1424 \\ 0 \end{bmatrix} \times 10^3$$

式中，$\bar{F}_{x3}^3 = -\bar{F}_{x2}^3 = -14.1424 \text{ kN}$，即为单元③所受的力，负号表明单元③代表的杆件受拉。

2.3 平面刚架

图 2-7 所示为一平面刚架。在刚架结构中，杆件之间用刚节点连接，刚节点不仅可以传递力（轴向力和横向力），而且还可以传递力矩。因此，刚架用梁单元进行离散化。

平面刚架结构的单元划分原则与桁架相同，在载荷作用下，单元的每个节点有两个方向的线位移和一个方向的角位移，即每个节点有 3 个自由度。在整体坐标系 $oxyz$ 下，沿 x 轴和 y 轴方向的位移分别用 u 和 v 表示，平面内角位移用 θ 表示。节点 i 沿 x 轴方向的位移用 u_i 表示，沿 y 轴方向的位移用 v_i 表示，平面内角位移用 θ_i 表示。如图 2-7 所示的平面刚架共由 7 个平面梁单元组成，编号为①、②、③、④、⑤、⑥和⑦。同时将各杆件的刚节点作单元的节点，共有 5 个节点，编号为 1、2、3、4、5。

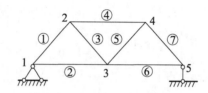

图 2-7 平面刚架有限元模型

2.3.1 局部坐标系下的单元刚度矩阵

1. 单元节点位移与节点力的关系

从图 2-7 所示的平面刚架中取出任意一个梁单元，在局部坐标系 $\overline{oxy}$ 下，平面梁单元的节点位移和节点载荷如图 2-8 所示。

图 2-8 平面刚架有限元模型

节点位移 $\overline{u}$、$\overline{v}$ 和 $\overline{\theta}$ 分别表示沿局部坐标系 $\overline{x}$ 轴、$\overline{y}$ 轴方向的线位移和平面内的角位移，与节点位移相对应的节点力和力矩分别为 $\overline{F}_x$、$\overline{F}_y$ 和 $\overline{M}$。节点线位移规定以沿局部坐标系的坐标轴方向为正，角位移由 $\overline{x}$ 轴到 $\overline{y}$ 轴逆时针旋转为正，否则为负。节点 i 在局部坐标系下的位移分量分别为 $\overline{u}_i$、$\overline{v}_i$ 和 $\overline{\theta}_i$，节点 j 在局部坐标系下的位移分量分别为 $\overline{u}_j$、$\overline{v}_j$ 和 $\overline{\theta}_j$，其向量形式分别为

$$\overline{\boldsymbol{\delta}}_i = \begin{bmatrix} \overline{u}_i & \overline{v}_i & \overline{\theta}_i \end{bmatrix}^{\mathrm{T}}, \quad \overline{\boldsymbol{\delta}}_j = \begin{bmatrix} \overline{u}_j & \overline{v}_j & \overline{\theta}_j \end{bmatrix}^{\mathrm{T}}$$

式中，$\overline{\boldsymbol{\delta}}_i$ 和 $\overline{\boldsymbol{\delta}}_j$ 分别表示节点 i 和 j 在局部坐标系下的位移向量。

对于单元 e，将节点 i 和 j 的位移向量合写在一起，构成单元节点位移向量，表示为

$$\overline{\boldsymbol{\delta}}^e = \begin{bmatrix} \overline{\boldsymbol{\delta}}_i & \overline{\boldsymbol{\delta}}_j \end{bmatrix}^{\mathrm{T}} = \begin{bmatrix} \overline{u}_i & \overline{v}_i & \overline{\theta}_i & \overline{u}_j & \overline{v}_j & \overline{\theta}_j \end{bmatrix}^{\mathrm{T}} \tag{2-41}$$

即每个平面梁单元有 6 个节点位移自由度。

在单元局部坐标系下，由单元节点位移引起的单元节点力方向的规定与相应节点位移方向一致。在单元 e 中，节点 i 和 j 在单元局部坐标系下的节点力向量分别表示为

$$\overline{\boldsymbol{F}}_i^e = \begin{bmatrix} \overline{F}_{xi} & \overline{F}_{yi} & \overline{M}_i \end{bmatrix}^{\mathrm{T}}, \quad \overline{\boldsymbol{F}}_j^e = \begin{bmatrix} \overline{F}_{xj} & \overline{F}_{yj} & \overline{M}_j \end{bmatrix}^{\mathrm{T}}$$

单元节点力向量的转置形式为

$$\overline{\boldsymbol{F}}^e = \begin{bmatrix} \overline{F}_{xi} & \overline{F}_{yi} & \overline{M}_i & \overline{F}_{xj} & \overline{F}_{yj} & \overline{M}_j \end{bmatrix}^{\mathrm{T}} \tag{2-42}$$

在单元局部坐标系下，平面梁单元上节点位移与节点力的关系可表示为

$$\overline{\boldsymbol{F}}^e = \overline{\boldsymbol{K}}^e \overline{\boldsymbol{\delta}}^e \tag{2-43}$$

由于每个平面梁单元有 6 个自由度，所以单元刚度矩阵 $\bar{K}^e$ 为 6×6 阶矩阵，上式写成矩阵的形式为

$$
\begin{bmatrix}
\bar{F}_{xi} \\
\bar{F}_{yi} \\
\bar{M}_i \\
\bar{F}_{xj} \\
\bar{F}_{yj} \\
\bar{M}_j
\end{bmatrix}
=
\begin{bmatrix}
\bar{k}_{11} & \bar{k}_{12} & \bar{k}_{13} & \bar{k}_{14} & \bar{k}_{15} & \bar{k}_{16} \\
\bar{k}_{21} & \bar{k}_{22} & \bar{k}_{23} & \bar{k}_{24} & \bar{k}_{25} & \bar{k}_{26} \\
\bar{k}_{31} & \bar{k}_{32} & \bar{k}_{33} & \bar{k}_{34} & \bar{k}_{35} & \bar{k}_{36} \\
\bar{k}_{41} & \bar{k}_{42} & \bar{k}_{43} & \bar{k}_{44} & \bar{k}_{45} & \bar{k}_{46} \\
\bar{k}_{51} & \bar{k}_{52} & \bar{k}_{53} & \bar{k}_{54} & \bar{k}_{55} & \bar{k}_{56} \\
\bar{k}_{61} & \bar{k}_{62} & \bar{k}_{63} & \bar{k}_{64} & \bar{k}_{65} & \bar{k}_{66}
\end{bmatrix}
\begin{bmatrix}
\bar{u}_i \\
\bar{v}_i \\
\bar{\theta}_i \\
\bar{u}_j \\
\bar{v}_j \\
\bar{\theta}_j
\end{bmatrix}
\tag{2-44}
$$

2. 单元刚度矩阵的确定

用材料力学中的力法原理计算单位节点位移引起的单元节点力。对于线性小变形问题，结构的位移与载荷成正比。计算位移时，载荷满足叠加原理，而当载荷全部撤除后，位移也完全消失，且应力与应变的关系同样符合胡克定律。在刚架结构中，梁单元节点变形（或位移）与节点力的关系与梁两端固定连接时支座发生位移时引起的支座反力的关系相同。

当 j 端固定时，单元 e 的基本结构如图 2-9 所示。单元长为 l，弹性模量为 E，截面惯性矩为 I_z。设 i 端沿 $\bar{x}$ 轴、$\bar{y}$ 轴方向的线位移和平面内的角位移分别为 $\bar{u}_i$、$\bar{v}_i$ 和 $\bar{\theta}_i$，其相应地作用于 i 端多余的未知力为水平方向的力 $\bar{F}_{xi}$、垂直方向的力 $\bar{F}_{yi}$ 和平面内的弯曲 $\bar{M}_i$；j 端的支座反力为水平方向的力 $\bar{F}_{xj}$、垂直方向的力 $\bar{F}_{yj}$ 和平面内的弯曲 $\bar{M}_j$，且满足关系式

$$
\left.
\begin{aligned}
\bar{F}_{xi} + \bar{F}_{xj} &= 0 \\
\bar{F}_{yi} + \bar{F}_{yj} &= 0 \\
\bar{M}_i - \bar{F}_{yi} \cdot l + \bar{M}_j &= 0
\end{aligned}
\right\}
\tag{2-45}
$$

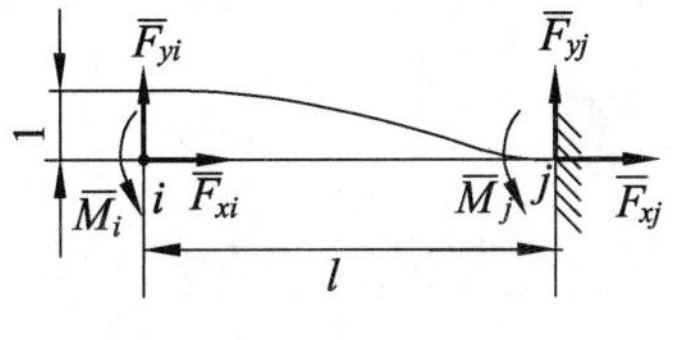

图 2-9　梁单元受力分析

当 $\bar{v}_i = 1$ 且其余位移为 0 时，根据轴向位移 $\bar{u}_i = \bar{u}_j = 0$，可知轴向力 $\bar{F}_{xi} = \bar{F}_{xj} = 0$，因此 $\bar{k}_{12} = \bar{k}_{42} = 0$。

由

$$
\left.
\begin{aligned}
\bar{v}_i &= \frac{\bar{F}_{yi} l^3}{EI_z} - \frac{\bar{M}_i l^2}{2EI_z} = 1 \\
\bar{\theta}_i &= -\frac{\bar{F}_{yi} l^2}{2EI_z} + \frac{\bar{M}_i l}{EI_z} = 0
\end{aligned}
\right\}
\tag{2-46}
$$

可得

$$
\left.
\begin{aligned}
\bar{F}_{yi} &= \frac{12EI_z}{l^3} = \bar{k}_{22} \\
\bar{M}_i &= \frac{6EI_z}{l^2} = \bar{k}_{32}
\end{aligned}
\right\}
\tag{2-47}
$$

由平衡条件可得

$$\overline{F}_{yj} = -\overline{F}_{yi} = -\frac{12EI_z}{l^3} = \overline{k}_{52}$$

$$\overline{M}_j = \overline{F}_{yi}l - \overline{M}_i = \frac{6EI_z}{l^2} = \overline{k}_{62}$$

（2-48）

用同样的方法可解出此单元刚度矩阵的其余元素。梁单元的刚度矩阵为

$$\overline{K}^e = \begin{bmatrix} \dfrac{EA}{l} & 0 & 0 & -\dfrac{EA}{l} & 0 & 0 \\ 0 & \dfrac{12EI_z}{l^3} & \dfrac{6EI_z}{l^2} & 0 & -\dfrac{12EI_z}{l^3} & \dfrac{6EI_z}{l^2} \\ 0 & \dfrac{6EI_z}{l^2} & \dfrac{4EI_z}{l} & 0 & -\dfrac{6EI_z}{l^2} & \dfrac{2EI_z}{l} \\ -\dfrac{EA}{l} & 0 & 0 & \dfrac{EA}{l} & 0 & 0 \\ 0 & -\dfrac{12EI_z}{l^3} & -\dfrac{6EI_z}{l^2} & 0 & \dfrac{12EI_z}{l^3} & -\dfrac{6EI_z}{l^2} \\ 0 & \dfrac{6EI_z}{l^2} & \dfrac{2EI_z}{l} & 0 & -\dfrac{6EI_z}{l^2} & \dfrac{4EI_z}{l} \end{bmatrix}$$

（2-49）

单元平衡方程，即单元节点力和节点位移的关系为

$$\begin{bmatrix} \overline{F}_{xi} \\ \overline{F}_{yi} \\ \overline{M}_i \\ \overline{F}_{xj} \\ \overline{F}_{yj} \\ \overline{M}_j \end{bmatrix} = \begin{bmatrix} \dfrac{EA}{l} & 0 & 0 & -\dfrac{EA}{l} & 0 & 0 \\ 0 & \dfrac{12EI_z}{l^3} & \dfrac{6EI_z}{l^2} & 0 & -\dfrac{12EI_z}{l^3} & \dfrac{6EI_z}{l^2} \\ 0 & \dfrac{6EI_z}{l^2} & \dfrac{4EI_z}{l} & 0 & -\dfrac{6EI_z}{l^2} & \dfrac{2EI_z}{l} \\ -\dfrac{EA}{l} & 0 & 0 & \dfrac{EA}{l} & 0 & 0 \\ 0 & -\dfrac{12EI_z}{l^3} & -\dfrac{6EI_z}{l^2} & 0 & \dfrac{12EI_z}{l^3} & -\dfrac{6EI_z}{l^2} \\ 0 & \dfrac{6EI_z}{l^2} & \dfrac{2EI_z}{l} & 0 & -\dfrac{6EI_z}{l^2} & \dfrac{4EI_z}{l} \end{bmatrix} \begin{bmatrix} \overline{u}_i \\ \overline{v}_i \\ \overline{\theta}_i \\ \overline{u}_j \\ \overline{v}_j \\ \overline{\theta}_j \end{bmatrix}$$

（2-50）

从式（2-50）可以看出单元刚度矩阵 $\overline{K}^e$ 具有如下性质：

（1） $\overline{K}^e$ 是单元 e 上由节点位移向量 $\overline{\boldsymbol{\delta}}^e$ 求节点力向量 $\overline{\boldsymbol{F}}^e$ 的转换矩阵。

（2） $\overline{K}^e$ 中元素的力学意义为：元素 $\overline{k}_{mn}$ 是单元上第 n（ $n=1,2,3,\cdots,6$ ）个自由度对应的位移（线位移或角位移）等于单位位移时，且其余自由度对应的位移等于零时，需在第 m（ $m=1,2,3,\cdots,6$ ）个自由度处施加的力（或力矩）。

刚度矩阵中每行或每列元素的力学意义是：同一行的 6 个元素是 6 个节点位移对同一个节点力的影响系数（或称贡献系数）；同一列的 6 个元素是同一个节点位移对 6 个节点力的影响系数。

单元刚度矩阵中的元素只与单元本身的特性有关，与外载荷无关。当不考虑剪切变形对

位移的影响时，局部坐标系下的单元刚度矩阵 $\bar{\boldsymbol{K}}^e$ 为

$$\bar{\boldsymbol{K}}^e = \begin{bmatrix} \dfrac{EA}{l} & 0 & 0 & -\dfrac{EA}{l} & 0 & 0 \\[2mm] 0 & \dfrac{12EI_z}{l^3} & \dfrac{6EI_z}{l^2} & 0 & -\dfrac{12EI_z}{l^3} & \dfrac{6EI_z}{l^2} \\[2mm] 0 & \dfrac{6EI_z}{l^2} & \dfrac{4EI_z}{l} & 0 & -\dfrac{6EI_z}{l^2} & \dfrac{2EI_z}{l} \\[2mm] -\dfrac{EA}{l} & 0 & 0 & \dfrac{EA}{l} & 0 & 0 \\[2mm] 0 & -\dfrac{12EI_z}{l^3} & -\dfrac{6EI_z}{l^2} & 0 & \dfrac{12EI_z}{l^3} & -\dfrac{6EI_z}{l^2} \\[2mm] 0 & \dfrac{6EI_z}{l^2} & \dfrac{2EI_z}{l} & 0 & -\dfrac{6EI_z}{l^2} & \dfrac{4EI_z}{l} \end{bmatrix} \qquad (2\text{-}51)$$

（3）对称性：根据力学中力的互等定理和单元刚度系数的力学意义，有 $\bar{\boldsymbol{K}}_{ij} = \bar{\boldsymbol{K}}_{ji}$，由此可知单元刚度矩阵 $\bar{\boldsymbol{K}}^e$ 为对称矩阵。

（4）奇异性：单元刚度矩阵是奇异矩阵，即单元刚度矩阵的对应行列式值等于零，即 $|\bar{\boldsymbol{K}}^e| = 0$。若把式（2-51）表示的单元刚度矩阵的第 4 行加到第 1 行上去，也能使第 1 行的元素全部为零，因此，单元刚度矩阵对应的行列式值等于零。单元刚度矩阵的奇异性反映了矩阵中还没有考虑到单元两端与整个结构的联系，所以可以产生任意的刚体位移。

（5）分块性：在式（2-41）中，单元节点位移向量是由两个子向量组成的，每一子向量包含一个节点上的两个位移分量；在式（2-42）中，单元节点力向量也是由两个子向量组成的，每一个子向量包含一个节点上的两个力分量；同样在式（2-50）中，对单元刚度矩阵 $\bar{\boldsymbol{K}}^e$ 的行与列按同样的原则划分，这样就得到单元刚度矩阵 $\bar{\boldsymbol{K}}^e$ 的分块形式，若将其中每一子块记作 $\bar{\boldsymbol{K}}_{ij}^e$，则式（2-49）可写为

$$\bar{\boldsymbol{K}}^e = \begin{bmatrix} \bar{\boldsymbol{K}}_{ii}^e & \bar{\boldsymbol{K}}_{ij}^e \\ \bar{\boldsymbol{K}}_{ji}^e & \bar{\boldsymbol{K}}_{jj}^e \end{bmatrix} \qquad (2\text{-}52)$$

式（2-50）若按单元节点向量的形式可写为

$$\begin{bmatrix} \bar{\boldsymbol{F}}_i^e \\ \bar{\boldsymbol{F}}_j^e \end{bmatrix} = \begin{bmatrix} \bar{\boldsymbol{K}}_{ii}^e & \bar{\boldsymbol{K}}_{ij}^e \\ \bar{\boldsymbol{K}}_{ji}^e & \bar{\boldsymbol{K}}_{jj}^e \end{bmatrix} \begin{bmatrix} \bar{\boldsymbol{\delta}}_i \\ \bar{\boldsymbol{\delta}}_j \end{bmatrix} \qquad (2\text{-}53)$$

由式（2-53）可以得出单元节点力向量为

$$\left. \begin{aligned} \bar{\boldsymbol{F}}_i^e &= \bar{\boldsymbol{K}}_{ii}^e \bar{\boldsymbol{\delta}}_i + \bar{\boldsymbol{K}}_{ij}^e \bar{\boldsymbol{\delta}}_j \\ \bar{\boldsymbol{F}}_j^e &= \bar{\boldsymbol{K}}_{ji}^e \bar{\boldsymbol{\delta}}_i + \bar{\boldsymbol{K}}_{jj}^e \bar{\boldsymbol{\delta}}_j \end{aligned} \right\} \qquad (2\text{-}54)$$

在式（2-53）中，每个单元的刚度矩阵可划分为 4 个子刚度矩阵，由于每个单元有 2 个节点，所以每个子刚度矩阵为 3×3 阶矩阵。主对角线上的子块反映了单元上同一点处的力与位移的关系，如 $\bar{\boldsymbol{K}}_{ii}^e$ 反映了单元 e 上 i 节点上的力与 i 节点上的位移之间关系；而非对角线上的子

块反映的是单元 e 上不同节点上的力与位移的关系，如 $\bar{K}_{ij}^{e}$ 反映了单元 e 上 i 节点上的力与 j 节点上的位移之间的关系。

2.3.2　整体坐标系下的单元刚度矩阵

前面在单元的局部坐标系下对单元的特性进行了研究。可以看出，在局部坐标系下，单元刚度矩阵的形式是完全相同的，对单元进行分析十分方便。但是，由于各个单元的空间位置各不相同，在模型的整体坐标系下，单元的局部坐标系的空间位置也各不相同。因此，为了能将单元集合起来，进行整体分析，用单元局部坐标系进行分析并不十分方便。为此建立一个整体坐标系，它并不随着单元空间位置的变化而变化，而是整个结构模型的公共的、统一的坐标系。

在进行整体分析之前，需对整体坐标系和局部坐标系进行坐标变换，将在前文中得到的局部坐标系下的单元刚度矩阵 $\bar{K}^{e}$ 转换成整体坐标系下的单元刚度矩阵 K^{e}。

1．坐标变换

在整体坐标系下，同样可以将单元节点位移和节点力用向量的形式表示为

$$
\left.\begin{array}{l}
\boldsymbol{\delta}_{i}=[u_{i}\ v_{i}\ \theta_{i}]^{\mathrm{T}},\ \boldsymbol{\delta}_{j}=\left[u_{j}\ v_{j}\ \theta_{j}\right]^{\mathrm{T}} \\
\boldsymbol{F}_{i}^{e}=\left[F_{xi}\ F_{yi}\ M_{zi}\right]^{\mathrm{T}},\ \boldsymbol{F}_{j}^{e}=\left[F_{xj}\ F_{yj}\ M_{zj}\right]^{\mathrm{T}}
\end{array}\right\} \tag{2-55}
$$

式中，$\boldsymbol{\delta}_{i}$ 和 $\boldsymbol{\delta}_{j}$ 分别表示节点 i 和 j 在整体坐标系下的位移向量；$\boldsymbol{F}_{i}^{e}$ 和 $\boldsymbol{F}_{j}^{e}$ 分别表示节点 i 和 j 在整体坐标系下的力向量。

在平面刚架中，整体坐标系与单元局部坐标系的空间位置关系如图 2-10 所示，整体坐标系 x 轴与局部坐标系 $\bar{x}$ 轴之间的夹角为 α，规定夹角 α 由 x 轴向 $\bar{x}$ 轴逆时针旋转为正。

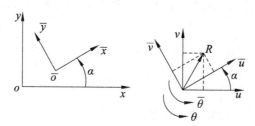

图 2-10　局部坐标系与整体坐标系及其变换

局部坐标系与整体坐标系下的节点位移之间的关系为

$$
\left.\begin{array}{l}
\bar{u}=u\cos\alpha+v\sin\alpha \\
\bar{v}=-u\sin\alpha+v\cos\alpha \\
\bar{\theta}=\theta
\end{array}\right\}
$$

上式用矩阵的形式表示为

$$
\begin{bmatrix}
\bar{u} \\
\bar{v} \\
\bar{\theta}
\end{bmatrix}=
\begin{bmatrix}
\cos\alpha & \sin\alpha & 0 \\
-\sin\alpha & \cos\alpha & 0 \\
0 & 0 & 1
\end{bmatrix}
\begin{bmatrix}
u \\
v \\
\theta
\end{bmatrix} \tag{2-56}
$$

令
$$\lambda = \begin{bmatrix} \cos\alpha & \sin\alpha & 0 \\ -\sin\alpha & \cos\alpha & 0 \\ 0 & 0 & 1 \end{bmatrix}$$

λ 称为节点坐标转换矩阵，为 3×3 阶矩阵。

式（2-56）用矩阵表示为

$$\begin{bmatrix} \bar{u} \\ \bar{v} \\ \bar{\theta} \end{bmatrix} = \lambda \begin{bmatrix} u \\ v \\ \theta \end{bmatrix}$$

单元节点位移的坐标变换公式为

$$\begin{bmatrix} \bar{u}_i \\ \bar{v}_i \\ \bar{\theta}_i \\ \bar{u}_j \\ \bar{v}_j \\ \bar{\theta}_j \end{bmatrix} = \begin{bmatrix} \lambda & \mathbf{0} \\ \mathbf{0} & \lambda \end{bmatrix} \begin{bmatrix} u_i \\ v_i \\ \theta_i \\ u_j \\ v_j \\ \theta_j \end{bmatrix} \tag{2-57}$$

式（2-57）可化简为

$$\bar{\delta}^e = T\delta^e \tag{2-58}$$

$$T = \begin{bmatrix} \lambda & \mathbf{0} \\ \mathbf{0} & \lambda \end{bmatrix} = \begin{bmatrix} \cos\alpha & \sin\alpha & 0 & & & \\ -\sin\alpha & \cos\alpha & 0 & & \mathbf{0} & \\ 0 & 0 & 1 & & & \\ & & & \cos\alpha & \sin\alpha & 0 \\ & \mathbf{0} & & -\sin\alpha & \cos\alpha & 0 \\ & & & 0 & 0 & 1 \end{bmatrix} \tag{2-59}$$

式中，T 称为单元坐标变换矩阵，为 6×6 阶矩阵。

对单元节点力同样有类似的转换关系：

$$\bar{F}^e = TF^e \tag{2-60}$$

2. 整体坐标系下的单元刚度矩阵

因为 T 为正交变换矩阵，有 $T^{-1} = T^{\mathrm{T}}$。将式（2-58）和式（2-60）代入式（2-50）得

$$F^e = T^{\mathrm{T}}\bar{K}^e T\delta^e \tag{2-61}$$

则有

$$K^e = T^{\mathrm{T}}\bar{K}^e T \tag{2-62}$$

式（2-62）即为整体坐标系下的单元刚度矩阵 K^e 与局部坐标系下的单元刚度矩阵 $\bar{K}^e$ 之间的关系式，即由式（2-61）建立了单元在整体坐标系下的节点力与节点位移之间的关系式。

整体坐标系下的单元刚度矩阵 K^e 写为子刚度矩阵的形式为

$$K^e = T^T \bar{K}^e T = \begin{bmatrix} \lambda^T & 0 \\ 0 & \lambda^T \end{bmatrix} \begin{bmatrix} \bar{K}_{ii}^e & \bar{K}_{ij}^e \\ \bar{K}_{ji}^e & \bar{K}_{jj}^e \end{bmatrix} \begin{bmatrix} \lambda & 0 \\ 0 & \lambda \end{bmatrix}$$

$$= \begin{bmatrix} \lambda^T \bar{K}_{ii}^e \lambda & \lambda^T \bar{K}_{ij}^e \lambda \\ \lambda^T \bar{K}_{ji}^e \lambda & \lambda^T \bar{K}_{jj}^e \lambda \end{bmatrix} = \begin{bmatrix} K_{ii}^e & K_{ij}^e \\ K_{ji}^e & K_{jj}^e \end{bmatrix}$$

即有
$$K_{ij}^e = \lambda^T \bar{K}_{ij}^e \lambda \tag{2-63}$$

式（2-61）若按单元节点向量的形式可写为

$$\begin{bmatrix} F_i^e \\ F_j^e \end{bmatrix} = \begin{bmatrix} K_{ii}^e & K_{ij}^e \\ K_{ji}^e & K_{jj}^e \end{bmatrix} \begin{bmatrix} \delta_i \\ \delta_j \end{bmatrix} \tag{2-64}$$

由式（2-64）可以得出整体坐标系下的单元节点力向量为

$$\left. \begin{aligned} F_i^e &= K_{ii}^e \delta_i + K_{ij}^e \delta_j \\ F_j^e &= K_{ji}^e \delta_i + K_{jj}^e \delta_j \end{aligned} \right\} \tag{2-65}$$

整体坐标系下的单元刚度矩阵 K^e 仍为 6×6 阶矩阵，且具有局部坐标系下单元刚度矩阵的所有特性。导出整体坐标系下的单元刚度矩阵，其余分析与桁架有限元分析方法完全一致。

2.3.3 等效节点载荷和载荷向量

与桁架结构一样，对于作用在节点上的载荷，可以直接与单元节点力建立平衡方程，但对于非节点载荷，必须进行等效处理转化为等效节点载荷，组建有限元方程时按节点外载荷的方式进行处理。

1. 局部坐标系下的等效节点载荷计算

将非节点载荷转换到节点上，转化为等效节点载荷，应按静力等效原则来进行，由此转化而引起的单元的内力和应力差异，只是局部的，不会影响整个结构上的应力分布。在刚架结构中，将某一杆件上的非节点载荷转化为等效节点载荷，只影响该杆件上的应力分布，而对其他杆件的应力不产生影响。

对于作用于梁单元上的非节点载荷只需给出载荷作用下两端固定梁的固端反力（相当于节点对单元的作用力）计算表达式，然后将固端反力加一负号即为等效节点载荷（相当于单元对节点的作用力）。在表 2-1 中给出用力法求得的几种常用非节点载荷的等效节点载荷。

表 2-1　几种常用非节点载荷的等效节点载荷

	$F_{xi} = F_{xj} = 0,$ $F_{yi} = (3a+b)Pb^2/l^3, F_{yj} = (a+3b)Pa^2/l^3,$ $M_i = Pab^2/l^2, M_j = -Pa^2b/l^2$

续表

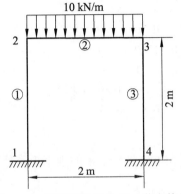	$F_{xi} = F_{xj} = 0,$ $F_{yi} = 6Mab/l^2, F_{yj} = -F_{yi},$ $M_i = (2a-b)Mb/l^2, M_j = (2b-a)Ma/l^2$
	$F_{xi} = Pb/l, F_{xj} = Pa/l,$ $F_{yi} = F_{yj} = 0, M_i = M_j = 0$
	$F_{xi} = F_{xj} = 0,$ $F_{yi} = ql/2, F_{yj} = F_{yi},$ $M_i = ql^2/12, M_j = -ql^2/12$
	$F_{xi} = F_{xj} = 0, F_{yi} = (2l^3 - 2a^2l + a^3)qa/(2l^2),$ $F_{yj} = (2l-a)qa^3/(2l^3),$ $M_i = (6l^2 - 8al + 3a^3)qa^2/(12l^2),$ $M_j = -(4l - 3a)qa^3/(12l^2)$
	$F_{xi} = F_{xj} = 0,$ $F_{yi} = 3ql/20, F_{yj} = 7ql/20,$ $M_i = ql^2/30, M_j = -ql^2/30$
	$M_{ki} = M_k b/l, M_{kj} = M_k a/l,$ M_k、M_i、M_j 均为绕杆件轴线的扭矩

2. 整体坐标系下的载荷向量计算

上述得出的等效节点载荷和节点载荷是沿单元局部坐标系的坐标轴方向，为了建立节点平衡方程，须将其转换为整体坐标系下的节点载荷，满足关系式 $\boldsymbol{F}^e = \boldsymbol{T}^T \bar{\boldsymbol{F}}^e$，即为有限元方程的右端载荷向量。

此外，平面刚架的有限元方程组建方法与平面桁架的完全相同，仍采用刚度集成法。

【**例 2-2**】计算图 2-11 中所示平面刚架的内力（不考虑剪切的影响）。设各杆件的长度、截面尺寸和制造材料均相同，其面积为 $A = 8 \times 10^{-3} \text{m}^2$，惯性矩 $I = 1.22 \times 10^{-4} \text{m}^4$，弹性模量 $E = 2.1 \times 10^{11} \text{N/m}^2$。

图 2-11　平面刚架及单元、节点编号

解:

(1) 结构离散化。

对图 2-11 所示平面刚架进行单元划分及节点和单元编号。

(2) 计算单元在局部坐标系下的刚度矩阵。

因为图示 3 个单元的长度、截面尺寸和制造材料均相同,所以 3 个单元在局部坐标系下的单元刚度矩阵完全相同。

由于不考虑剪切的影响,由式 (2-49) 知,单元刚度矩阵中各个元素的分别为 $\frac{EA}{l} = 8.40 \times 10^8$ N/m,$\frac{12EI}{l^3} = 0.39 \times 10^8$ N/m,$\frac{6EI}{l^2} = 0.39 \times 10^8$ N,$\frac{2EI}{l} = 0.26 \times 10^8$ N·m,$\frac{4EI}{l} = 0.51 \times 10^8$ N·m。

将以上各个参数代入式 (2-49) 得

$$\bar{K}^1 = \bar{K}^2 = \bar{K}^3 = 10^8 \times \begin{bmatrix} 8.40 & 0 & 0 & -8.40 & 0 & 0 \\ 0 & 0.39 & 0.39 & 0 & -0.39 & 0.39 \\ 0 & 0.39 & 0.51 & 0 & -0.39 & 0.26 \\ -8.40 & 0 & 0 & 8.40 & 0 & 0 \\ 0 & -0.39 & -0.39 & 0 & 0.39 & -0.39 \\ 0 & 0.39 & 0.26 & 0 & -0.39 & 0.51 \end{bmatrix}$$

(3) 计算单元在整体坐标系下的刚度矩阵。

单元①和③的局部坐标系与整体坐标系的夹角相同,且 $\alpha = 90°$,代入式 (2-59) 求得单元的坐标变换矩阵为

$$T^1 = T^3 = \begin{bmatrix} 0 & 1 & 0 & & & \\ -1 & 0 & 0 & & \mathbf{0} & \\ 0 & 0 & 1 & & & \\ & & & 0 & 1 & 0 \\ & \mathbf{0} & & -1 & 0 & 0 \\ & & & 0 & 0 & 1 \end{bmatrix}$$

单元②的局部坐标系与整体坐标系的方向相同,且 $\alpha = 0°$,代入式 (2-59) 求得单元的坐标变换矩阵为

$$T^2 = I = \begin{bmatrix} 1 & 0 & 0 & & & \\ 0 & 1 & 0 & & \mathbf{0} & \\ 0 & 0 & 1 & & & \\ & & & 1 & 0 & 0 \\ & \mathbf{0} & & 0 & 1 & 0 \\ & & & 0 & 0 & 1 \end{bmatrix}$$

由式 (2-62) 得,不同单元在整体坐标系下的刚度矩阵分别为

$$K^1 = K^3 = 10^8 \times \begin{bmatrix} 0.39 & 0 & -0.39 & -0.39 & 0 & -0.39 \\ 0 & 8.40 & 0. & 0 & -8.40 & 0 \\ -0.39 & 0 & 0.51 & 0.39 & 0 & 0.26 \\ -0.39 & 0 & 0.39 & 0.39 & 0 & 0.39 \\ 0 & -8.40 & 0 & 0 & 8.40 & 0 \\ -0.39 & 0 & 0.26 & 0.39 & 0 & 0.51 \end{bmatrix}$$

$$K^2 = 10^8 \times \begin{bmatrix} 8.40 & 0 & 0 & -8.40 & 0 & 0 \\ 0 & 0.39 & 0.39 & 0 & -0.39 & 0.39 \\ 0 & 0.39 & 0.51 & 0 & -0.39 & 0.26 \\ -8.40 & 0 & 0 & 8.40 & 0 & 0 \\ 0 & -0.39 & -0.39 & 0 & 0.39 & -0.39 \\ 0 & 0.39 & 0.26 & 0 & -0.39 & 0.51 \end{bmatrix}$$

（4）计算等效节点载荷。

由表 2-1 知，单元②在均布载荷作用下，节点对单元②的作用力和力矩分别为

$$P_{x2} = P_{x3} = 0$$
$$P_{y2} = P_{y3} = -ql/2 = -10 \text{ kN}$$
$$M_2 = -M_3 = -ql^2/12 = -3.33 \text{ kN·m}$$

则 2、3 节点的等效节点载荷与上式各力和力矩大小相等方向相反，是一对作用力与反作用力。

由于单元②的局部坐标系与整体坐标系一致，因此，2、3 节点的等效节点载荷不需进行坐标变换。

（5）有限元方程的建立。

因为单元刚度矩阵在整体坐标系下具有分块性，因此，根据式（2-64）可将 3 个单元的节点力与节点位移写成子刚度矩阵的形式如下：

对于单元①

$$\begin{bmatrix} F_1^{①} \\ F_2^{①} \end{bmatrix} = \begin{bmatrix} K_{11}^{①} & K_{12}^{①} \\ K_{21}^{①} & K_{22}^{①} \end{bmatrix} \begin{bmatrix} \delta_1 \\ \delta_2 \end{bmatrix}$$

对于单元②

$$\begin{bmatrix} F_2^{②} \\ F_3^{②} \end{bmatrix} = \begin{bmatrix} K_{22}^{②} & K_{23}^{②} \\ K_{32}^{②} & K_{33}^{②} \end{bmatrix} \begin{bmatrix} \delta_2 \\ \delta_3 \end{bmatrix}$$

对于单元③

$$\begin{bmatrix} F_4^{③} \\ F_3^{③} \end{bmatrix} = \begin{bmatrix} K_{44}^{③} & K_{43}^{③} \\ K_{34}^{③} & K_{33}^{③} \end{bmatrix} \begin{bmatrix} \delta_4 \\ \delta_3 \end{bmatrix}$$

在以上各式中，节点力分别为节点对相应单元的作用力，与单元对节点的作用力大小相等方向相反，是一对作用力与反作用力。

现以节点 2 为研究对象，建立节点的平衡方程为

$$\sum F_2 = -F_2^1 - F_2^2 + P_2 = 0$$
$$P_2 = F_2^1 + F_2^2$$

同理，可以得出其余节点的平衡方程分别为

$$P_1 = F_1^{①}$$
$$P_2 = F_2^{①} + F_2^{②}$$
$$P_3 = F_3^{②} + F_3^{③}$$
$$P_4 = F_4^{③}$$

综合以上各式，有

$$\begin{bmatrix} P_1 \\ P_2 \\ P_3 \\ P_4 \end{bmatrix} = \begin{bmatrix} K_{11}^1 & K_{12}^1 & 0 & 0 \\ K_{21}^1 & K_{22}^1 + K_{22}^2 & K_{23}^2 & 0 \\ 0 & K_{32}^2 & K_{33}^2 + K_{33}^3 & K_{34}^3 \\ 0 & 0 & K_{43}^3 & K_{44}^3 \end{bmatrix} \begin{bmatrix} \delta_1 \\ \delta_2 \\ \delta_3 \\ \delta_4 \end{bmatrix}$$

将 3 个单元在整体坐标系下的刚度矩阵代入上式，得出平面刚架的有限元方程为

$$10^5 \times \begin{bmatrix} 0.39 & 0 & -0.39 & -0.39 & 0 & -0.39 & 0 & 0 & 0 & 0 & 0 & 0 \\ 0 & 8.40 & 0 & 0 & -8.40 & 0 & 0 & 0 & 0 & 0 & 0 & 0 \\ 0.39 & 0 & 0.51 & 0.39 & 0 & 0.26 & 0 & 0 & 0 & 0 & 0 & 0 \\ -0.39 & 0 & 0.39 & 0.39+8.40 & 0+0 & 0.39+0 & -8.40 & 0 & 0 & 0 & 0 & 0 \\ 0 & -8.40 & 0 & 0+0 & 8.40+0.39 & 0+0.39 & 0 & -0.39 & 0.39 & 0 & 0 & 0 \\ -0.39 & 0 & 0.26 & 0.39+0 & 0+0.39 & 0.51+0.51 & 0 & -0.39 & 0.26 & 0 & 0 & 0 \\ 0 & 0 & 0 & -8.40 & 0 & 0 & 8.40+0.39 & 0+0 & 0+0.39 & -0.39 & 0 & 0.39 \\ 0 & 0 & 0 & 0 & -0.39 & -0.39 & 0+0 & 0.39+8.40 & -0.39+0 & 0 & -8.40 & 0 \\ 0 & 0 & 0 & 0 & 0.39 & 0.26 & 0+0.39 & -0.39+0 & 0.51+0.51 & -0.39 & 0 & 0.26 \\ 0 & 0 & 0 & 0 & 0 & 0 & -0.39 & 0 & -0.39 & 0.39 & 0 & -0.39 \\ 0 & 0 & 0 & 0 & 0 & 0 & 0 & -8.40 & 0 & 0 & 8.40 & 0 \\ 0 & 0 & 0 & 0 & 0 & 0 & 0.39 & 0 & 0.26 & 0.39 & 0 & 0.51 \end{bmatrix} \begin{bmatrix} u_1 \\ v_1 \\ \theta_1 \\ u_2 \\ v_2 \\ \theta_2 \\ u_3 \\ v_3 \\ \theta_3 \\ u_4 \\ v_4 \\ \theta_4 \end{bmatrix} = \begin{bmatrix} P_{x1} \\ P_{y1} \\ M \\ 0 \\ -10 \\ -3.33 \\ 0 \\ -10 \\ 3.33 \\ P_{x4} \\ P_{y4} \\ M_4 \end{bmatrix}$$

（6）引入边界条件。

由于总刚度矩阵为奇异矩阵，所以上式的解不确定，必须引入边界条件。现采用对角元素置"1"法，将已知位移为 0 的行和列中的全部元素均置为"0"，在行和列的交点处的元素置为"1"；同时将力向量矩阵中已知位移为 0 的对应元素也置为"0"。

由图 2-11 知，该平面刚架在节点 1 和 4 处的线位移和角位移均为 0，代入上式得

$$10^5 \times \begin{bmatrix} 1 & 0 & 0 & 0 & 0 & 0 & 0 & 0 & 0 & 0 & 0 & 0 \\ 0 & 1 & 0 & 0 & 0 & 0 & 0 & 0 & 0 & 0 & 0 & 0 \\ 0 & 0 & 1 & 0 & 0 & 0 & 0 & 0 & 0 & 0 & 0 & 0 \\ 0 & 0 & 0 & 8.79 & 0 & 0.39 & -8.40 & 0 & 0 & 0 & 0 & 0 \\ 0 & 0 & 0 & 0 & 8.79 & 0.39 & 0 & -0.39 & 0.39 & 0 & 0 & 0 \\ 0 & 0 & 0 & 0.39 & 0.39 & 1.02 & 0 & -0.39 & 0.26 & 0 & 0 & 0 \\ 0 & 0 & 0 & -8.40 & 0 & 0 & 8.79 & 0 & 0.39 & 0 & 0 & 0 \\ 0 & 0 & 0 & 0 & -0.39 & -0.39 & 0 & 8.79 & -0.39 & 0 & 0 & 0 \\ 0 & 0 & 0 & 0 & 0.39 & 0.26 & 0.39 & -0.39 & 1.02 & 0 & 0 & 0 \\ 0 & 0 & 0 & 0 & 0 & 0 & 0 & 0 & 0 & 1 & 0 & 0 \\ 0 & 0 & 0 & 0 & 0 & 0 & 0 & 0 & 0 & 0 & 1 & 0 \\ 0 & 0 & 0 & 0 & 0 & 0 & 0 & 0 & 0 & 0 & 0 & 1 \end{bmatrix} \begin{bmatrix} u_1 \\ v_1 \\ \theta_1 \\ u_2 \\ v_2 \\ \theta_2 \\ u_3 \\ v_3 \\ \theta_3 \\ u_4 \\ v_4 \\ \theta_4 \end{bmatrix} = \begin{bmatrix} 0 \\ 0 \\ 0 \\ 0 \\ -10 \\ -3.33 \\ 0 \\ -10 \\ 3.33 \\ 0 \\ 0 \\ 0 \end{bmatrix}$$

（7）求解线性方程组。

将上式中的方程 1、2、3、10、11 和 12 去掉，并利用对称性 $u_2=-u_3$，$v_2=v_3$，$\theta_2=\theta_3$，则上式简化为

$$\left.\begin{array}{r}17.19u_2+0.39\theta_2=0\\8.4u_2=-10\times10^{-5}\\0.39u_2+0.76\theta_2=-3.33\times10^{-5}\end{array}\right\}$$

对上式求解得

$$u_2=0.10\times10^{-5},\ v_2=-1.19\times10^{-5},\ \theta_2=-4.43\times10^{-5}$$
$$u_3=-0.10\times10^{-5},\ v_3=-1.19\times10^{-5},\ \theta_3=4.43\times10^{-5}$$

（8）计算节点位移引起的节点载荷。

由式（2-58）计算单元在局部坐标系下的节点位移，根据式（2-43）计算由单元节点位移引起的单元节点力分别计算如下：

对于单元①有

$$\begin{bmatrix}\bar{u}_1\\\bar{v}_1\\\bar{\theta}_1\\\bar{u}_2\\\bar{v}_2\\\bar{\theta}_2\end{bmatrix}=\begin{bmatrix}0&1&0&&&\\-1&0&0&&\mathbf{0}&\\0&0&1&&&\\&&&0&1&0\\&\mathbf{0}&&-1&0&0\\&&&0&0&1\end{bmatrix}\begin{bmatrix}0\\0\\0\\0.1\\-1.19\\-4.43\end{bmatrix}\times10^{-5}=\begin{bmatrix}0\\0\\0\\-1.19\\-0.10\\-4.43\end{bmatrix}\times10^{-5}$$

$$\begin{bmatrix}\bar{F}_{x1}^1\\\bar{F}_{y1}^1\\M_1^1\\\bar{F}_{x2}^1\\\bar{F}_{y2}^1\\\bar{M}_2^1\end{bmatrix}=10^3\times\begin{bmatrix}8.40&0&0&-8.40&0&0\\0&0.39&0.39&0&-0.39&0.39\\0&0.39&0.51&0&-0.39&0.26\\-8.40&0&0&8.40&0&0\\0&-0.39&-0.39&0&0.39&-0.39\\0&0.39&0.26&0&-0.39&0.51\end{bmatrix}\begin{bmatrix}0\\0\\0\\-1.19\\-0.10\\-4.43\end{bmatrix}=\begin{bmatrix}9.996\\-1.689\\-1.113\\-9.996\\1.689\\-2.220\end{bmatrix}$$

在局部坐标系下，作用于节点 1 的力为固定支座对单元①的作用力。

对于单元③，根据对称性得

$$\begin{bmatrix}\bar{F}_{x4}^3\\\bar{F}_{y4}^3\\M_4^3\\\bar{F}_{x3}^3\\\bar{F}_{y3}^3\\\bar{M}_3^3\end{bmatrix}=\begin{bmatrix}\bar{F}_{x1}^1\\-\bar{F}_{y1}^1\\-M_1^1\\\bar{F}_{x2}^1\\-\bar{F}_{y2}^1\\-\bar{M}_2^1\end{bmatrix}=\begin{bmatrix}9.996\\1.689\\1.113\\-9.996\\-1.689\\2.220\end{bmatrix}$$

在局部坐标系下，作用于节点 4 的力为固定支座对单元③的作用力。

对于单元②，有 $\bar{\pmb{\delta}}^2 = \pmb{\delta}^2$，则

$$
\begin{bmatrix} \bar{F}_{x2}^2 \\ \bar{F}_{y2}^2 \\ \bar{M}_2^2 \\ \bar{F}_{x3}^2 \\ \bar{F}_{y3}^2 \\ \bar{M}_3^2 \end{bmatrix} = 10^3 \times \begin{bmatrix} 8.40 & 0 & 0 & -8.40 & 0 & 0 \\ 0 & 0.39 & 0.39 & 0 & -0.39 & 0.39 \\ 0 & 0.39 & 0.51 & 0 & -0.39 & 0.26 \\ -8.40 & 0 & 0 & 8.40 & 0 & 0 \\ 0 & -0.39 & -0.39 & 0 & 0.39 & -0.39 \\ 0 & 0.39 & 0.26 & 0 & -0.39 & 0.51 \end{bmatrix} \begin{bmatrix} 0.10 \\ -1.19 \\ -4.43 \\ -0.10 \\ -1.19 \\ 4.43 \end{bmatrix} = \begin{bmatrix} 1.680 \\ 0 \\ -1.108 \\ -1.680 \\ 0 \\ 1.108 \end{bmatrix}
$$

在局部坐标系下，作用于节点 2 和 3 的力与力矩分别满足平衡条件。

第 3 章　二维问题有限元

二维问题的有限元分析远比一维问题复杂。首先，表现在有限元的几何形状，就有矩形、三角形、四边形、扇形以及通过等参变换引出的曲边三角形、曲边四边形等多种形式；其次，二维有限元的构造形式花样繁多，各具特色。本章主要介绍三角形和矩形平面单元、薄板单元和剪切板单元的基本构造和性能。

3.1　平面问题

根据材料力学中的胡克（Hooke）定律，各向同性、均匀、线性弹性体在空间直角坐标系 xyz 内的物理方程即应力应变关系为

$$\begin{cases} \varepsilon_x = \dfrac{1}{E}[\sigma_x - \mu(\sigma_y + \sigma_z)], & \gamma_{yz} = \tau_{yz}/G \\[2mm] \varepsilon_y = \dfrac{1}{E}[\sigma_y - \mu(\sigma_x + \sigma_z)], & \gamma_{xz} = \tau_{xz}/G \\[2mm] \varepsilon_z = \dfrac{1}{E}[\sigma_z - \mu(\sigma_x + \sigma_y)], & \gamma_{xy} = \tau_{xy}/G \end{cases} \tag{3-1}$$

式中，E 是材料的拉压弹性模量；G 是材料的剪切模量；μ 是材料的泊松比。

当弹性体具有某种特殊形状，并且承受特殊外载荷时，可以把空间问题简化为近似的平面问题。

3.1.1　平面应力问题

如图 3-1 所示，满足下面条件的平面问题可以认为是平面应力问题：① 等厚度薄平板；② 板边上受有平行于板面而不沿厚度变化的外力，体力也平行于板面而不沿厚度变化，厚度方向的两个表面自由；③ 弹性性质与厚度坐标无关。

图 3-1　平面应力问题

对平面应力问题，所有应力都发生在同一平面内（x-y 平面），z 方向没有任何应力分量，即

$$\sigma_z = \tau_{xz} = \tau_{yz} = 0 \tag{3-2}$$

于是式（3-1）简化为

$$
\begin{cases}
\varepsilon_x = \dfrac{1}{E}(\sigma_x - \mu\sigma_y), & \gamma_{yz} = 0 \\[2mm]
\varepsilon_y = \dfrac{1}{E}(\sigma_y - \mu\sigma_x), & \gamma_{xz} = 0 \\[2mm]
\varepsilon_z = -\dfrac{\mu}{E}(\sigma_x + \sigma_y), & \gamma_{xy} = \tau_{xy}/G
\end{cases}
\tag{3-3}
$$

式（3-3）也可表述为如下形式：

$$
\begin{bmatrix} \sigma_x \\ \sigma_y \\ \tau_{xy} \end{bmatrix}
= \frac{E}{1-\mu^2}
\begin{bmatrix} 1 & \mu & \\ \mu & 1 & \\ & & (1-\mu)/2 \end{bmatrix}
\begin{bmatrix} \varepsilon_x \\ \varepsilon_y \\ \gamma_{xy} \end{bmatrix}
\tag{3-4}
$$

或者

$$\boldsymbol{\sigma} = \boldsymbol{D}\boldsymbol{\varepsilon} \tag{3-5}$$

式中，$\boldsymbol{\sigma}$ 为应力向量；$\boldsymbol{\varepsilon}$ 为应变向量；$\boldsymbol{D}$ 是弹性矩阵，由弹性模量 E 和泊松比 μ 决定。

3.1.2 平面应变问题

与平面应力问题相反，设有一很长的柱体，外力和体力都平行于横剖面并不沿长度变化。若以柱体的纵长方向为 z 轴，则除两端附近以外，所有一切应力、应变和位移分量都只是坐标 x 和 y 的函数而和 z 无关，参见图 3-2，这类问题可以简化为平面应变问题。例如，很长的平直隧道就属于此类问题。平面应变问题是指所有应变都发生在同一平面内（x-y 平面），由于 z 向的伸缩被阻止，因此在 z 方向没有任何应变分量，即

$$\varepsilon_z = \gamma_{xz} = \gamma_{yz} = 0 \tag{3-6}$$

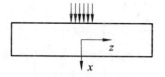

图 3-2　平面应变问题

平面应变问题的本构方程为

$$
\begin{cases}
\varepsilon_x = \dfrac{1-\mu^2}{E}\left(\sigma_x - \dfrac{\mu}{1-\mu}\sigma_y\right) \\[3mm]
\varepsilon_y = \dfrac{1-\mu^2}{E}\left(\sigma_y - \dfrac{\mu}{1-\mu}\sigma_x\right) \\[3mm]
\gamma_{xy} = \dfrac{1}{G}\tau_{xy}
\end{cases}
\tag{3-7}
$$

式（3-7）也可以表示为

$$
\begin{cases}
\sigma_x = \dfrac{E}{(1+\mu)(1-2\mu)}[(1-\mu)\varepsilon_x + \mu\varepsilon_y], & \tau_{yz} = 0 \\[2mm]
\sigma_y = \dfrac{E}{(1+\mu)(1-2\mu)}[\mu\varepsilon_x + (1-\mu)\varepsilon_y], & \tau_{xz} = 0 \\[2mm]
\sigma_z = \dfrac{E}{(1+\mu)(1-2\mu)}[\mu\varepsilon_x + \mu\varepsilon_y], & \tau_{xy} = G\gamma_{xy}
\end{cases}
\tag{3-8}
$$

值得指出的是，如果把式（3-3）中的 E 换成 $E/(1-\mu^2)$ 和 μ 换成 $\mu/(1-\mu)$，结果即是式（3-7）。平面应力和平面应变问题的平衡方程、几何方程是完全相同的，只是本构方程不同。但只需经过弹性常数的上述置换，平面应力问题和平面应变问题的解答就可以互相转换。平面问题的有限元方法也不分平面应力问题和平面应变问题。

3.1.3　平面 3 节点三角形单元

将单元中任意一点的位移近似地表示成单元节点坐标及节点位移的函数，这种函数称为位移函数。由于多项式既容易满足完备性、协调性与几何各向同性的要求，又便于微分和积分等数学运算，所以广泛使用多项式来构造位移函数。位移函数的假设是否合理，直接影响到有限元分析的计算精度、效率和可靠度。

1. 位移函数

图 3-3 所示为任意三角形单元，其 3 个节点的编号为 i、j、m，以逆时针为序，其节点坐标分别为（x_i，y_i）、（x_j，y_j）、（x_m，y_m），节点位移分别为（u_i，v_i）、（u_j，v_j）、（u_m，v_m）。考虑到平面三角形单元总共有 6 个自由度，所以在位移函数中应当含有 6 个待定系数。为此，根据上述确定单元位移函数的准则，单元内任意一点（x，y）处的位移函数为

$$
\begin{cases}
u(x,y) = \alpha_1 + \alpha_2 x + \alpha_3 y \\
v(x,y) = \beta_1 + \beta_2 x + \beta_3 y
\end{cases}
\tag{3-9}
$$

式中，α_1、α_2、α_3、β_1、β_2、β_3 为待定系数，可由 6 个节点坐标和 6 个节点位移分量来确定。

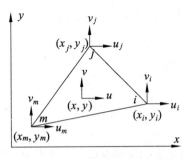

图 3-3　三角形单元的位移

对整个弹性体来说，内部各点的位移变化情况往往是非常复杂的，不可能用一个简单的线性函数来表示。但是可以用分割的办法，把整个弹性体分割成许多细小的单元体。在一个单元体的局部范围内，内部各点位移的变化情况就简单得多，就有可能用简单的线性函数来

描述。这种化整为零、化整为简的分析方法正是有限元法的精华。

将节点 i、j、m 的坐标 (x_i, y_i)、(x_j, y_j)、(x_m, y_m) 分别代入式（3-9），导出节点位移与节点坐标的关系式为

$$\begin{cases} u_i = \alpha_1 + \alpha_2 x_i + \alpha_3 y_i, & v_i = \beta_1 + \beta_2 x_i + \beta_3 y_i \\ u_j = \alpha_1 + \alpha_2 x_j + \alpha_3 y_j, & v_j = \beta_1 + \beta_2 x_j + \beta_3 y_j \\ u_m = \alpha_1 + \alpha_2 x_m + \alpha_3 y_m, & v_m = \beta_1 + \beta_2 x_m + \beta_3 y_m \end{cases} \tag{3-10}$$

解线性方程组式（3-10），求得待定系数 α_1、α_2、α_3 如下：

$$\left.\begin{aligned} \alpha_1 &= \frac{1}{2\Delta} \begin{vmatrix} u_i & x_i & y_i \\ u_j & x_j & y_j \\ u_m & x_m & y_m \end{vmatrix} = \frac{1}{2\Delta}(a_i u_i + a_j u_j + a_m u_m) \\ \alpha_2 &= \frac{1}{2\Delta} \begin{vmatrix} 1 & u_i & y_i \\ 1 & u_j & y_j \\ 1 & u_m & y_m \end{vmatrix} = \frac{1}{2\Delta}(b_i u_i + b_j u_j + b_m u_m) \\ \alpha_3 &= \frac{1}{2\Delta} \begin{vmatrix} 1 & x_i & u_i \\ 1 & x_j & u_j \\ 1 & x_m & u_m \end{vmatrix} = \frac{1}{2\Delta}(c_i u_i + c_j u_j + c_m u_m) \\ \Delta &= \frac{1}{2} \begin{vmatrix} 1 & x_i & y_i \\ 1 & x_j & y_j \\ 1 & x_m & y_m \end{vmatrix} = \frac{1}{2}(b_i c_j - b_j c_i) \end{aligned}\right\} \tag{3-11}$$

式中，Δ 为三角形 ijm 的面积。只要保证节点的次序是 $i \to j \to m$ 逆时针旋向，那么 Δ 一定为正值。

$$\left.\begin{aligned} a_i &= x_j y_m - x_m y_j, & b_i &= y_j - y_m, & c_i &= x_m - x_j \\ a_j &= x_m y_i - x_i y_m, & b_j &= y_m - y_i, & c_j &= x_i - x_m \\ a_m &= x_i y_j - x_j y_i, & b_m &= y_i - y_j, & c_m &= x_j - x_i \end{aligned}\right\} \tag{3-12}$$

将 α_1、α_2、α_3 的值代入式（3-9）的 $u(x, y)$，得

$$\begin{aligned} u(x,y) &= \frac{1}{2\Delta}[(a_i + b_i x + c_i y)u_i + (a_j + b_j x + c_j y)u_j + (a_m + b_m x + c_m y)u_m] \\ &= \sum_{r=i,j,m} \frac{1}{2\Delta}(a_r + b_r x + c_r y)u_r \end{aligned} \tag{3-13}$$

同理可得

$$v(x,y) = \sum_{r=i,j,m} \frac{1}{2\Delta}(a_r + b_r x + c_r y)v_r \tag{3-14}$$

则用节点坐标和节点位移表示的平面问题的 3 节点三角形单元的位移函数为

$$\left.\begin{aligned} u(x,y) &= \sum_{r=i,j,m} \frac{1}{2\Delta}(a_r + b_r x + c_r y)u_r \\ v(x,y) &= \sum_{r=i,j,m} \frac{1}{2\Delta}(a_r + b_r x + c_r y)v_r \end{aligned}\right\} \tag{3-15}$$

2. 形函数及其性质

（1）定义。

$$N_r(x,y) = \frac{1}{2\Delta}(a_r + b_r x + c_r y),\ (r = i, j, m)$$ （3-16）

那么，3 节点三角形单元的位移函数式（3-15）可以改写为

$$\left.\begin{array}{l} u(x,y) = N_i u_i + N_j u_j + N_m u_m \\ v(x,y) = N_i v_i + N_j v_j + N_m v_m \end{array}\right\}$$ （3-17）

将式（3-17）写成矩阵的形式为

$$\left\{\begin{array}{l} u \\ v \end{array}\right\} = \left[\begin{array}{cccccc} N_i & 0 & N_j & 0 & N_m & 0 \\ 0 & N_i & 0 & N_j & 0 & N_m \end{array}\right] \left\{\begin{array}{c} u_i \\ v_i \\ u_j \\ v_j \\ u_m \\ v_m \end{array}\right\} = [N^e]\{\delta^e\}$$ （3-18）

式中，$N^e = \left[\begin{array}{cccccc} N_i & 0 & N_j & 0 & N_m & 0 \\ 0 & N_i & 0 & N_j & 0 & N_m \end{array}\right]$ 是 2×6 阶矩阵，其元素是 x 和 y 的函数；$\delta^e = [u_i\ v_i\ u_j\ v_j\ u_m\ v_m]^{\mathrm{T}}$ 为节点位移列向量。

从式（3-17）中可以看出：

当 $u_i = 1$，$u_j = 0$，$u_m = 0$ 时，得到 $u = N_i$；

当 $v_i = 1$，$v_j = 0$，$v_m = 0$ 时，得到 $v = N_i$。

所以，函数 N_i 表示当节点 i 发生单位位移而节点 j 和 m 的位移为零时，在单元内部产生的位移分布形态；函数 N_j（或 N_m）表示当节点 j（或 m）发生单位位移而另外两个节点位移为零时，在单元内部产生的位移分布形态。因此，函数 N_i、N_j、N_m 分别表达了单元变形的基本形态，它们是组成单元位移函数的基函数，通常称为形函数，而矩阵 N^e 则称为形函数矩阵。

（2）性质。

① 形函数是坐标的函数，且与位移函数的形式相同。

平面 3 节点三角形单元的形函数为 $N_i(x,y) = \frac{1}{2\Delta}(a_i + b_i x + c_i y)$，单元的位移函数为 $u(x,y) = \alpha_1 + \alpha_2 x + \alpha_3 y$ 和 $v(x,y) = \beta_1 + \beta_2 x + \beta_3 y$，可见两者的形式相同。

② 形函数 $N_i(x,y)$ 在本节点上取值为 1，在其余节点取值为零。即

$$N_i(x_i, y_i) = 1,\ N_j(x_i, y_i) = 0,\ N_m(x_i, y_i) = 0$$
$$N_i(x_j, y_j) = 0,\ N_j(x_j, y_j) = 1,\ N_m(x_j, y_j) = 0$$
$$N_i(x_m, y_m) = 0,\ N_j(x_m, y_m) = 0,\ N_m(x_m, y_m) = 1$$

说明：节点 i 的位移为 $u_i = N_i(x_i, y_i)u_i + N_j(x_i, y_i)u_j + N_m(x_i, y_i)u_m$，因为节点 j 和 m 的位移 u_j 和 u_m 不总为零，所以必有 $N_i(x_i, y_i) = 1$，$N_j(x_i, y_i) = 0$，$N_m(x_i, y_i) = 0$。其余两节点的情况相同。

③ 在任意点 (x, y) 上，其形函数值的总和为 1，即 $\sum\limits_{i,j,m} N_i(x, y) = 1$。

证明： 假设单元做刚体平移，其位移为 u_0，则

$$u_0 = N_i(x_i, y_i)u_0 + N_j(x_i, y_i)u_0 + N_m(x_i, y_i)u_0$$

所以

$$N_i(x, y) + N_j(x, y) + N_m(x, y) = \sum\limits_{i,j,m} N_i(x, y) = 1$$

3. 位移函数的完备性和协调性讨论——解答的收敛性

在有限元法中，单元刚度矩阵的建立、非节点载荷向量的转化及应力的计算等都依赖于位移函数。为了使有限元法的解答在单元尺寸逐步取小时能收敛于正确解答，选择的位移函数必须能正确反映单元的真实位移形态。具体地说，选用的位移函数应当满足下列两个条件：

（1）在位移函数中，能反映单元的刚体位移状态和常应变状态——完备性。

（2）位移函数应保证相邻单元在公共边界处位移的连续性——协调性。

其中，条件（1）是收敛的必要条件，条件（1）和（2）是收敛的充分条件。平面 3 节点三角形单元所采用的线性位移函数满足上述条件，现分别说明如下：

（1）位移函数的常数项反映单元的刚体平移，线性项能反映刚体的转动和常应变状态。

● 刚体平移

以三角形单元沿 x 轴方向的位移函数 $u(x, y) = \alpha_1 + \alpha_2 x + \alpha_3 y$ 为例，当单元发生了刚体平移 $\bar{u}$，将节点坐标代入位移函数，得

$$\left.\begin{array}{l} \bar{u} = \alpha_1 + \alpha_2 x_i + \alpha_3 y_i \\ \bar{u} = \alpha_1 + \alpha_2 x_j + \alpha_3 y_j \\ \bar{u} = \alpha_1 + \alpha_2 x_m + \alpha_3 y_m \end{array}\right\}$$

解上式求得

$$\alpha_1 = \bar{u}, \ \alpha_2 = 0, \ \alpha_3 = 0$$

则 $u(x, y) = \alpha_1 = \bar{u}$ 反映了刚体平移。

同理，位移函数 $v(x, y) = \beta_1 + \beta_2 x + \beta_3 y$ 中的常数项也能反映单元沿 y 轴方向的刚体平移。因此，为了反映刚体平移，位移函数中必须含有常数项。

● 刚体转动

考虑刚体转动时排除刚体平移，也就是假设单元绕如图 3-4 所示的原点 O 转动，则单元中任意一点 P 的位移分量为

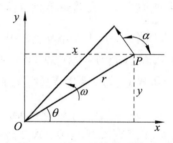

图 3-4　单元刚体转动位移

$$u(x,y) = -\omega y \\ v(x,y) = \omega x$$

式中，ω 为刚体绕 z 轴转动的角速度。

单元中任意一点 P 的合成位移为

$$\sqrt{u^2+v^2} = \sqrt{(-\omega y)^2 + (\omega x)^2} = \omega\sqrt{x^2+y^2} = \omega r$$

式中，r 为 P 点到 z 轴的距离。

若用 α 表示位移矢量与 x 轴的夹角，那么合成位移的方向为

$$\tan\alpha = \frac{v}{u} = \frac{-\omega y}{\omega x} = -\frac{y}{x} = -\frac{1}{\tan\theta}$$

式中，θ 为径向线段 OP 与 x 轴的夹角。

从上式可以看出，合成位移的方向与径向线段 OP 垂直，也就是说，位移沿着 OP 的切向。既然单元所有各点移动的方向都是沿着切线方向，而且移动的大小等于径向距离乘以 ω，可见（注意位移是微小的）ω 代表了单元绕 z 轴的刚体转动。因此，位移函数中的线性项反映出单元的刚体转动。

● 常应变状态

对平面应力问题，其弹性力学几何方程（应变分量与位移分量之间的关系）为

$$\{\varepsilon\} = \begin{Bmatrix} \varepsilon_x \\ \varepsilon_y \\ \gamma_{xy} \end{Bmatrix} = \begin{Bmatrix} \dfrac{\partial u}{\partial x} \\ \dfrac{\partial v}{\partial y} \\ \dfrac{\partial u}{\partial y} + \dfrac{\partial v}{\partial x} \end{Bmatrix} = \begin{bmatrix} \dfrac{\partial}{\partial x} & 0 \\ 0 & \dfrac{\partial}{\partial y} \\ \dfrac{\partial}{\partial y} & \dfrac{\partial}{\partial x} \end{bmatrix} \begin{Bmatrix} u \\ v \end{Bmatrix} \qquad (3\text{-}19)$$

将位移函数式（3-9）代入几何方程（3-19）得

$$\varepsilon_x = \frac{\partial u}{\partial x} = \alpha_2, \quad \varepsilon_y = \frac{\partial v}{\partial y} = \beta_3, \quad \gamma_{xy} = \frac{\partial v}{\partial x} + \frac{\partial u}{\partial y} = \alpha_3 + \beta_2 \qquad (3\text{-}20)$$

该式反映了正应变和剪应变均为常量。

（2）线性位移函数反映了相邻单元间位移的连续性。

任意两个相邻的单元，如图 3-5 所示的单元 ijm 和 jin，它们在节点 i 的位移相同（均为 u_i 和 v_i），在节点 j 的位移也相同（均为 u_j 和 v_j）。由于位移函数是线性函数，在公共边界 ij 上当然也是线性变化，所以，上述两个相邻单元在公共边界 ij 上任意一点位移均可由节点 i 和 j 的位移线性插值唯一确定，且都具有相同的位移，这就保证了相邻单元之间在公共边界上位移的连续性。

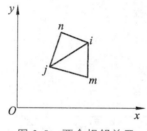

图 3-5　两个相邻单元

3.1.4　平面 4 节点矩形单元

当单元包含的节点数较多时，像线性平面 3 节点三角形单元那样求单元的形函数（解线性方程组确定待定常数）是很烦琐的，也是不现实的。因此，利用形函数的性质确定单元的形函数，从而求出单元的位移函数。

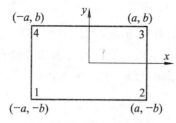

图 3-6　四节点矩形单元

如图 3-6 所示的线性平面 4 节点矩形单元，图中显示矩形单元的局部坐标系。由于局部坐标系与整体坐标系的坐标轴相互平行，且坐标之差为常数，因此，在整体坐标系下的单元刚度矩阵与局部坐标系下的刚度矩阵完全一样，而不需要进行坐标变换，仍用 x 和 y 表示。由于选取单元的位移函数要满足几何各向同性的要求，即单元位移函数应为完全的 n 次多项式或为不完全的 n 次多项式而含有保持"对称性"的合适项。因此，4 节点矩形单元的位移函数选取为

$$\left.\begin{array}{l} u(x,y)=\alpha_1+\alpha_2 x+\alpha_3 y+\alpha_4 xy \\ v(x,y)=\beta_1+\beta_2 x+\beta_3 y+\beta_4 xy \end{array}\right\} \tag{3-21}$$

选取的单元位移函数包含常数项和线性项，满足单元的完备性要求。在单元边界上有 $x=\pm a$ 或 $y=\pm b$。以 $x=a$ 为例代入单元的位移函数

$$u(x,y)=A+By$$

因而在单元边界上的位移也按线性变化。而单元每条边界上有两个节点位移，这样边界上任一点的位移也可以由两个节点位移线性插值唯一确定，因此，矩形单元具有协调性。

在式（3-21）中，固定 x，位移函数 $u(x,y)$ 和 $v(x,y)$ 是关于 y 的线性函数；固定 y，则位移函数 $u(x,y)$ 和 $v(x,y)$ 是关于 x 的线性函数，这样的函数称为双线性函数。

位移函数用形函数表示为

$$\left.\begin{array}{l} u(x,y)=\displaystyle\sum_{i=1}^{4} N_i u_i \\ v(x,y)=\displaystyle\sum_{i=1}^{4} N_i v_i \end{array}\right\} \tag{3-22}$$

由于形函数 $N_i(x,y)$ 与位移函数具有相同的形式，故其同样为双线性函数。例如，$N_3(x,y)$ 在节点 3 处的值应为 1，而在节点 1、2 和 4 处的值应为零。若设 $N_3(x,y)=c(a+x)(b+y)$，就满足在节点 1、2 和 4 处的值应为零，在节点 3 处有 $N_3(a,b)=1$。

由
$$N_3(a,b)=c(a+a)(b+b)=4cab=1$$

得
$$c=\frac{1}{4ab}$$

同理可求得 $N_1(x,y)$、$N_2(x,y)$ 和 $N_4(x,y)$，综合可得

$$N_i(x,y)=\frac{1}{4}\left(1+\frac{x}{x_i}\right)\left(1+\frac{y}{y_i}\right),\quad i=1,2,3,4 \tag{3-23}$$

平面矩形单元也是平面问题中常用的单元之一，它采用了比常应变三角形单元次数更高的位移函数，可以更精确地反映弹性体中的位移分布和应力分布。

矩形单元中的应力分量都不是常量，而是呈线性分布的。所以，在弹性体中采用相同数目的节点时，矩形单元的计算精度要高于三角形单元。但是，矩形单元也有明显的缺点：一是不能适应斜交边界和曲线边界；二是不便对不同的部位采用不同大小尺寸的单元。为了弥补这些缺点，可以把矩形单元和三角形单元混合使用，即在弹性体的曲线边界处，采用三角形单元或任意形状的四边形单元，在应力变化较剧烈的地方，采用较小的矩形单元，然后用三角形单元或任意形状的四边形单元作为过渡，与较大的矩形单元相连接。当然，这样处理将使得计算程序的编制和数据的准备都要复杂一些。

此外，从上述 3 节点三角形单元和 4 节点矩形单元的位移函数形式可以看出，确定单元的位移函数时应按如图 3-7 所示的三角形从上到下选取，不仅要满足完备性和协调性的要求，同时要满足几何各向同性的要求，这个三角形称为帕斯卡（Pascal）三角形。

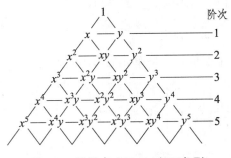

图 3-7　帕斯卡（Pascal）三角形

3.1.5　建立有限元方程

1. 单元应变矩阵

对于具有 n 节点的平面单元，用形函数表示的位移函数为

$$\left.\begin{aligned} u(x,y)&=\sum_{i=1}^{n}N_iu_i\\ v(x,y)&=\sum_{i=1}^{n}N_iv_i \end{aligned}\right\} \tag{3-24}$$

将式（3-24）代入几何方程（3-19），导出单元的应变场为

$$\{\boldsymbol{\varepsilon}^e\} = \left\{\begin{array}{c} \varepsilon_x \\ \varepsilon_y \\ \gamma_{xy} \end{array}\right\} = \left\{\begin{array}{c} \dfrac{\partial u}{\partial x} \\[2mm] \dfrac{\partial v}{\partial y} \\[2mm] \dfrac{\partial u}{\partial y} + \dfrac{\partial v}{\partial x} \end{array}\right\} = \left\{\begin{array}{c} \displaystyle\sum_{i=1}^{n} \dfrac{\partial N_i}{\partial x} u_i \\[3mm] \displaystyle\sum_{i=1}^{n} \dfrac{\partial N_i}{\partial y} v_i \\[3mm] \displaystyle\sum_{i=1}^{n}\left(\dfrac{\partial N_i}{\partial y} u_i + \dfrac{\partial N_i}{\partial x} v_i\right) \end{array}\right\} = [\boldsymbol{B}^e]\{\boldsymbol{\delta}^e\} \tag{3-25}$$

式中，n 为单元包含的节点数；$\boldsymbol{\delta}^e$ 为节点位移向量，为 $2n\times 1$ 阶向量；$\boldsymbol{B}^e$ 为单元应变矩阵，为 $3\times 2n$ 阶矩阵，即

$$\boldsymbol{B}^e = \begin{bmatrix} \dfrac{\partial N_1}{\partial x} & 0 & \dfrac{\partial N_2}{\partial x} & 0 & \cdots & \dfrac{\partial N_n}{\partial x} & 0 \\[3mm] 0 & \dfrac{\partial N_1}{\partial y} & 0 & \dfrac{\partial N_2}{\partial y} & \cdots & 0 & \dfrac{\partial N_n}{\partial y} \\[3mm] \dfrac{\partial N_1}{\partial y} & \dfrac{\partial N_1}{\partial x} & \dfrac{\partial N_2}{\partial y} & \dfrac{\partial N_2}{\partial x} & \cdots & \dfrac{\partial N_n}{\partial y} & \dfrac{\partial N_n}{\partial x} \end{bmatrix} \tag{3-26}$$

若以节点为单位确定子矩阵，单元应变矩阵可写为

$$\boldsymbol{B}^e = \begin{bmatrix} \boldsymbol{B}_1^e & \boldsymbol{B}_2^e & \cdots & \boldsymbol{B}_n^e \end{bmatrix} \tag{3-27}$$

式中

$$\boldsymbol{B}_i^e = \begin{bmatrix} \dfrac{\partial N_i}{\partial x} & 0 \\[3mm] 0 & \dfrac{\partial N_i}{\partial y} \\[3mm] \dfrac{\partial N_i}{\partial y} & \dfrac{\partial N_i}{\partial x} \end{bmatrix}, \quad (i=1,2,3,\cdots,n) \tag{3-28}$$

对于平面线性 3 节点三角形单元，将单元的形函数表达式（3-16）代入式（3-28），得

$$\boldsymbol{B}_r^e = \frac{1}{2\Delta} \begin{bmatrix} b_r & 0 \\ 0 & c_r \\ c_r & b_r \end{bmatrix}, \quad (r=i,j,m) \tag{3-29}$$

由于 $\boldsymbol{B}^e$ 中的各个元素均是常量，所以 $\boldsymbol{\varepsilon}^e$ 中的各个应变分量也为常量，也就是说，平面 3 节点三角形线性单元内部各点的应变都相等。因此，在平面问题中，线性 3 节点三角形单元通常也称为常应变单元。

2. 单元应力矩阵

对于平面应力问题，根据广义胡克定律，本构方程（应力分量和应变分量之间关系）为

$$\{\boldsymbol{\sigma}^e\} = \left\{\begin{array}{c} \sigma_x \\ \sigma_y \\ \tau_{xy} \end{array}\right\} = \frac{E}{1-\mu^2} \begin{bmatrix} 1 & \mu & \\ \mu & 1 & \\ & & (1-\mu)/2 \end{bmatrix} \left\{\begin{array}{c} \varepsilon_x \\ \varepsilon_y \\ \gamma_{xy} \end{array}\right\} \tag{3-30}$$

可简写为

$$\{\sigma^e\} = [D]\{\varepsilon^e\} \tag{3-31}$$

式中，$[D]$ 是与单元材料有关的弹性矩阵，由弹性模量 E 和泊松比 μ 决定。

将应变场表达式（3-25）代入本构方程（3-31），便可导出用节点位移表示单元应力的表达式

$$\{\sigma^e\} = [D]\{\varepsilon^e\} = [D][B^e]\{\delta^e\} = [S^e]\{\delta^e\} \tag{3-32}$$

式中，S^e 为单元应力矩阵，为 $3 \times 2n$ 阶矩阵，且 $S^e = DB^e$。

需要指出的是：在不同类型的平面问题中，上式中的弹性矩阵 D 是不同的。对于平面应力问题，应采用公式（3-33）；对于平面应变问题，应采用公式（3-34）。

$$D = \frac{E}{1-\mu^2} \begin{bmatrix} 1 & \mu & \\ \mu & 1 & \\ & & (1-\mu)/2 \end{bmatrix} \tag{3-33}$$

$$D = \frac{E}{(1+\mu)(1-2\mu)} \begin{bmatrix} 1 & \dfrac{\mu}{1-\mu} & 0 \\ \dfrac{\mu}{1-\mu} & 1 & 0 \\ 0 & 0 & \dfrac{1-2\mu}{2(1-\mu)} \end{bmatrix} \tag{3-34}$$

对于平面应力问题，线性 3 节点三角形单元的应力矩阵为

$$S^e = \frac{E}{2(1-\mu^2)\Delta} \begin{bmatrix} b_r & \mu c_r \\ \mu & b_r c_r \\ \dfrac{1-\mu}{2}c_r & \dfrac{1-\mu}{2}b_r \end{bmatrix}, \ (r=i,j,m) \tag{3-35}$$

对于平面应变问题，线性 3 节点三角形单元的应力矩阵为

$$S^e = \frac{E(1-\mu)}{2(1+\mu)(1-2\mu)\Delta} \begin{bmatrix} b_r & \dfrac{\mu}{1-\mu}c_r \\ \dfrac{\mu}{1-\mu}b_r & c_r \\ \dfrac{1-2\mu}{2(1-\mu)}c_r & \dfrac{1-2\mu}{2(1-\mu)}b_r \end{bmatrix}, \ (r=i,j,m) \tag{3-36}$$

从式（3-35）和式（3-36）可以看出，应力矩阵 S^e 中所有元素也都是常量，因而单元中各点的应力分量也是常量。这样，相邻单元一般将具有不同的应力，在其公共边界上，应力会有突变。但是，随着单元的细分，这种突变将会显著减少，并不影响有限元解收敛于正确解。

3．单元刚度矩阵

下面根据虚功原理建立平面（应力或应变）问题的单元节点位移和节点力之间的关系。

变形连续体的虚功原理可以简单地表述为"外力所做的虚功等于总虚变形功"。弹性体离散后，每个单元都对总虚变形功有所"贡献"，由单元的虚变形功导出单元刚度矩阵，由单元的外力虚功导出单元载荷向量。将全部单元的虚变形功集合起来形成弹性体的总虚变形功，把全部单元的载荷向量集合起来形成外力虚功，最后根据虚功原理得到弹性体的有限元方程。

（1）虚变形功。

假设弹性体在某种因素作用下产生了虚位移，其中单元 e 的节点虚位移向量为

$$\{\boldsymbol{\delta}^{*e}\} = [u_1^* \ v_1^* \ u_2^* \ v_2^* \ ... \ u_n^* \ v_n^*]^{\mathrm{T}}$$

单元内的虚应变为

$$\boldsymbol{\varepsilon}^{*e} = \boldsymbol{B}^e \boldsymbol{\delta}^{*e}$$

弹性体在外力作用下产生位移，单元 e 的节点位移向量为

$$\boldsymbol{\delta}^e = [u_1 \ v_1 \ u_2 \ v_2 \ ... \ u_n \ v_n]^{\mathrm{T}}$$

由单元位移产生的单元应力向量为

$$\boldsymbol{\sigma}^e = \boldsymbol{D}\boldsymbol{B}^e \boldsymbol{\delta}^e$$

由于实际位移和虚位移发生在同一单元内部，因此，由弹性体的几何方程计算虚应变与实际应变的方法相同。

由虚变形功的计算公式 $\iiint_V \{\boldsymbol{\varepsilon}^*\}^{\mathrm{T}}\{\boldsymbol{\sigma}\}\mathrm{d}x\mathrm{d}y\mathrm{d}z$ 求得厚度为 t 的单元内的虚变形功为

$$W_{\text{变}}^e = \iiint_V \{\boldsymbol{\varepsilon}^{*e}\}^{\mathrm{T}}\{\boldsymbol{\sigma}^e\}\mathrm{d}V = \iint_\Delta [\boldsymbol{B}^e]^{\mathrm{T}}\{\boldsymbol{\delta}^{*e}\}^{\mathrm{T}}[\boldsymbol{D}][\boldsymbol{B}^e]\{\boldsymbol{\delta}^e\}t\mathrm{d}x\mathrm{d}y$$

由于节点位移 $\boldsymbol{\delta}^e$ 和虚位移 $\boldsymbol{\delta}^{*e}$ 均与坐标无关，可以提到积分号外。则上式变为

$$\begin{aligned} W_{\text{变}}^e &= \iiint_V \{\boldsymbol{\varepsilon}^{*e}\}^{\mathrm{T}}\{\boldsymbol{\sigma}^e\}\mathrm{d}V = \{\boldsymbol{\delta}^{*e}\}^{\mathrm{T}}\left(\iint_\Delta [\boldsymbol{B}^e]^{\mathrm{T}}[\boldsymbol{D}][\boldsymbol{B}^e]\,t\mathrm{d}x\mathrm{d}y\right)\{\boldsymbol{\delta}^e\} \\ &= \{\boldsymbol{\delta}^{*e}\}^{\mathrm{T}}\boldsymbol{K}^e\boldsymbol{\delta}^e \end{aligned} \tag{3-37}$$

式中
$$[\boldsymbol{K}^e] = \iint_\Delta [\boldsymbol{B}^e]^{\mathrm{T}}[\boldsymbol{D}][\boldsymbol{B}^e]\,t\mathrm{d}x\mathrm{d}y \tag{3-38}$$

（2）表面力和体积力的虚功。

设作用于任意一个单元上的载荷有体积力和单元边界的表面力，单位体积力为 $\boldsymbol{P} = [p_x \ p_y]^{\mathrm{T}}$，单位表面力为 $\boldsymbol{Q} = [q_x \ q_y]^{\mathrm{T}}$。外力在虚位移 $\boldsymbol{f}^{*e}$ 上做的虚功为

$$W_{\text{外}}^e = \iint_\Delta [\boldsymbol{f}^{*e}]^{\mathrm{T}}\boldsymbol{P}t\mathrm{d}x\mathrm{d}y + \int_s [\boldsymbol{f}^{*e}]^{\mathrm{T}}\boldsymbol{Q}t\mathrm{d}s$$

式中，$\boldsymbol{f}^{*e}$ 为虚位移函数向量，$\boldsymbol{f}^{*e} = [u^* \ v^*]^{\mathrm{T}}$。

由单元位移函数与节点位移间的关系式（3-18）知，虚位移 $\boldsymbol{f}^{*e}$ 与单元节点虚位移位移 $\boldsymbol{\delta}^{*e}$ 之间满足关系式

$$\boldsymbol{f}^{*e} = \boldsymbol{N}^e \boldsymbol{\delta}^{*e} \tag{3-39}$$

则单元外力虚功可写成

$$W_{\text{外}}^e = \{\boldsymbol{\delta}^{*e}\}^{\mathrm{T}} \left(\iint_{\Delta} [\boldsymbol{N}^e]^{\mathrm{T}} \{\boldsymbol{P}\} t\mathrm{d}x\mathrm{d}y + \int_s [\boldsymbol{N}^e]^{\mathrm{T}} \{\boldsymbol{Q}\} t\mathrm{d}s \right)$$

$$= \{\boldsymbol{\delta}^{*e}\}^{\mathrm{T}} (\{\boldsymbol{P}^e\} + \{\boldsymbol{Q}^e\})$$

式中，$\boldsymbol{P}^e$ 为单元体积力向量，$2n \times 1$ 阶矩阵，且

$$\{\boldsymbol{P}^e\} = \iint_{\Delta} [\boldsymbol{N}^e]^{\mathrm{T}} \{\boldsymbol{P}\} t\mathrm{d}x\mathrm{d}y \qquad (3\text{-}40)$$

$\boldsymbol{Q}^e$ 为单元体积力向量，$2n \times 1$ 阶矩阵，且

$$\{\boldsymbol{Q}^e\} = \int_s [\boldsymbol{N}^e]^{\mathrm{T}} \{\boldsymbol{Q}\} t\mathrm{d}s \qquad (3\text{-}41)$$

（3）单元刚度矩阵。

对于每一个单元，须将作用于单元上的集中力、体积力和表面力按静力等效的原则转化为等效节点载荷，此时作用在单元上的载荷只有节点载荷，与单元节点位移相对应，作用于单元 e 上的节点载荷向量为

$$\boldsymbol{F}^e = \{F_{1x} \ F_{1y} \ F_{2x} \ F_{2y} \ \dots \ F_{nx} \ F_{ny}\}^{\mathrm{T}}$$

单元节点力在虚位移上做的虚功，即单元外力所做的虚功为

$$W_{\text{外}}^e = \boldsymbol{\delta}^{*e\mathrm{T}} \boldsymbol{F}^e \qquad (3\text{-}42)$$

由连续变形体的虚功原理知

$$(\boldsymbol{\delta}^{*e})^{\mathrm{T}} \boldsymbol{F}^e = (\boldsymbol{\delta}^{*e})^{\mathrm{T}} \boldsymbol{K}^e \boldsymbol{\delta}^e$$

由于虚位移 $\boldsymbol{\delta}^{*e}$ 是任意的，所以上式中等号两边与 $\boldsymbol{\delta}^{*e}$ 相乘的部分应相等。因此有

$$\boldsymbol{F}^e = \boldsymbol{K}^e \boldsymbol{\delta}^e \qquad (3\text{-}43)$$

式中，$\boldsymbol{K}^e$ 为单元刚度矩阵；刚度矩阵 $\boldsymbol{K}^e$ 为对称矩阵。$\boldsymbol{K}^e$ 中元素 K_{ij} 的物理意义为：使节点 j 产生单位位移 1，其他节点位移均为 0 时，需在 i 节点上施加的力。

式（3-43）即为单元节点力与单元节点位移的关系式。

平面问题有限元法的单元刚度具有与杆系结构的单元刚度矩阵一样的性质。

在平面问题中，单元的每个节点具有 2 个自由度，如果单元有 n 个节点，那么单元实际位移向量 $\boldsymbol{\delta}^e$、虚位移向量 $\boldsymbol{\delta}^{*e}$ 和节点载荷向量 $\boldsymbol{F}^e$ 均为 $2n \times 1$ 阶矩阵。因此，单元刚度矩阵 $\boldsymbol{K}^e$ 为 $2n \times 2n$ 阶矩阵。

对于平面问题的 3 节点三角形单元，由于 $n = 3$，所以 $\boldsymbol{K}^e$ 为 6×6 阶矩阵，其刚度矩阵为

$$\boldsymbol{K}^e = \iint_{\Delta} \boldsymbol{B}^{e\mathrm{T}} \boldsymbol{D} \boldsymbol{B}^e t\mathrm{d}x\mathrm{d}y = \iint_{\Delta} \begin{bmatrix} \boldsymbol{B}_i^{\mathrm{T}} \\ \boldsymbol{B}_j^{\mathrm{T}} \\ \boldsymbol{B}_m^{\mathrm{T}} \end{bmatrix} \boldsymbol{D} [\boldsymbol{B}_i \ \boldsymbol{B}_j \ \boldsymbol{B}_m] t\mathrm{d}x\mathrm{d}y = \begin{bmatrix} \boldsymbol{K}_{ii}^e & \boldsymbol{K}_{ij}^e & \boldsymbol{K}_{im}^e \\ \boldsymbol{K}_{ji}^e & \boldsymbol{K}_{jj}^e & \boldsymbol{K}_{jm}^e \\ \boldsymbol{K}_{mi}^e & \boldsymbol{K}_{mj}^e & \boldsymbol{K}_{mm}^e \end{bmatrix}$$

式中，$\boldsymbol{K}_{ij}^e$ 为单元子刚度矩阵，2×2 阶矩阵。

$$\boldsymbol{K}_{rs}^e = \iint_{\Delta} (\boldsymbol{B}_r^e)^{\mathrm{T}} \boldsymbol{D} \boldsymbol{B}_s^e t\mathrm{d}x\mathrm{d}y, \ (r = i, j, m; \ s = i, j, m)$$

由于弹性矩阵 $\boldsymbol{D}$ 中的元素仅与弹性模量 E 和泊松比 μ 有关，并且在线性位移函数的情况下，单元应变矩阵 $\boldsymbol{B}^e$ 中的元素也是常量，因此，$(\boldsymbol{B}_i^e)^{\mathrm{T}}\boldsymbol{D}\boldsymbol{B}_j^e$ 为常量，可以提到积分号前面去。由于 $\iint_{\varDelta}\mathrm{d}x\mathrm{d}y$ 等于三角形面积 $\varDelta$，所以有

$$\boldsymbol{K}_{ij}^e = (\boldsymbol{B}_i^e)^{\mathrm{T}}\boldsymbol{D}\boldsymbol{B}_j^e \varDelta t$$

对于平面应力问题，单元子刚度矩阵 $\boldsymbol{K}_{ij}^e$ 为

$$\boldsymbol{K}_{rs}^e = \frac{Et}{4(1-\mu^2)\varDelta}\begin{bmatrix} b_r b_s + \dfrac{1-\mu}{2}c_r c_s & \mu b_r c_s + \dfrac{1-\mu}{2}c_r b_s \\ \mu c_r b_s + \dfrac{1-\mu}{2}b_r c_s & c_r c_s + \dfrac{1-\mu}{2}b_r b_s \end{bmatrix}, \begin{pmatrix} r = i,j,m \\ s = i,j,m \end{pmatrix} \tag{3-44}$$

对于平面应变问题，需将式（3-44）中的 E 换为 $\dfrac{E}{1-\mu^2}$，μ 换为 $\dfrac{\mu}{1-\mu}$ 矩阵，此时单元子刚度矩阵 $\boldsymbol{K}_{ij}^e$ 为

$$\boldsymbol{K}_{rs}^e = \frac{E(1-\mu)t}{4(1+\mu)(1-2\mu)\varDelta}\begin{bmatrix} b_r b_s + \dfrac{1-2\mu}{2(1-\mu)}c_r c_s & \dfrac{\mu}{1-\mu}b_r c_s + \dfrac{1-2\mu}{2(1-\mu)}c_r b_s \\ \dfrac{\mu}{1-\mu}c_r b_s + \dfrac{1-2\mu}{2(1-\mu)}b_r c_s & c_r c_s + \dfrac{1-2\mu}{2(1-\mu)}b_r b_s \end{bmatrix}, \begin{pmatrix} r = i,j,m \\ s = i,j,m \end{pmatrix} \tag{3-45}$$

在求得所有单元的单元刚度矩阵之后，就可以用第 2 章中介绍的刚度集成法，将各个单元刚度矩阵的子块"对号入座"到整体刚度矩阵中去，形成整体刚度矩阵 $\boldsymbol{K}$。

线性平面 3 节点三角形单元的节点载荷向量为

$$\boldsymbol{F}^e = [F_i\ F_j\ F_m]^{\mathrm{T}} = [F_{ix}\ F_{iy}\ F_{jx}\ F_{jy}\ F_{mx}\ F_{my}]^{\mathrm{T}} \tag{3-46}$$

3.2 薄板弯曲问题

承受横向载荷作用的薄板是重要的结构元件之一。薄板理论实质上是直梁理论的二维推广。薄板理论有 3 条基本假设：

（1）直法线假设，即原来垂直于薄板中面的一段直线在板弯曲变形时始终垂直于变形后的薄板中面且保持长度不变。这意味着不考虑横向剪切变形和物理量沿板厚的变化，即

$$\gamma_{xz} = \gamma_{yz} = \varepsilon_z = 0$$

式中，z 是垂直于板面的坐标方向，如图 3-8 所示。由 $\varepsilon_z = 0$ 可得

$$w(x,y,z) = w(x,y)$$

（2）薄板中面没有面内位移，即在中面内有 $\varepsilon_x = \varepsilon_y = \gamma_{xy} = 0$。

（3）面外应力分量远小于面内应力分量。

由于前两条为 Kirchhoff 假设，因此薄板理论也称为 Kirchhoff 板理论。当板厚逐渐增加时，这些假设就与实际情况出入越来越大，为了得到满意的结果，需要采用 3.3 节将要讨论的厚板理论。

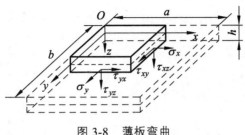

图 3-8 薄板弯曲

3.2.1 基本公式

根据直法线假设，板面上任何一点的面内位移 u 和 v 可表示为

$$\gamma_{xz} = 0 \Rightarrow u = -z\frac{\partial w}{\partial x}$$
$$\gamma_{yz} = 0 \Rightarrow v = -z\frac{\partial w}{\partial y}$$

（3-47）

式中，w 代表板的挠度，即 z 向位移。式（3-47）表明，仅用挠度 w 即可确定板的全部变形情况。因此，薄板理论也可称作一个广义位移的板理论。

由于应力分量 σ_z、τ_{xz} 和 τ_{yz} 远小于 σ_x、σ_y 和 τ_{xy}，因此它们引起的变形 γ_{xz} 和 γ_{yz} 是可以忽略的，但剪应力本身却是维持平衡条件必须的。

因为薄板的面外应力分量远小于面内应力分量，因此薄板理论可采用平面应力问题中的物理方程（注意平面应力问题的条件），即

$$\sigma_x = \frac{E}{1-\mu^2}\left(\frac{\partial u}{\partial x} + \mu\frac{\partial v}{\partial y}\right) = -\frac{Ez}{1-\mu^2}\left(\frac{\partial^2 w}{\partial x^2} + \mu\frac{\partial^2 w}{\partial y^2}\right)$$
$$\sigma_y = \frac{E}{1-\mu^2}\left(\mu\frac{\partial u}{\partial x} + \frac{\partial v}{\partial y}\right) = -\frac{Ez}{1-\mu^2}\left(\mu\frac{\partial^2 w}{\partial x^2} + \frac{\partial^2 w}{\partial y^2}\right)$$
$$\tau = \frac{E}{2(1+\mu)}\left(\frac{\partial u}{\partial y} + \frac{\partial v}{\partial x}\right) = -\frac{Ez}{1+\mu}\frac{\partial^2 w}{\partial x\partial y}$$

（3-48）

沿板厚积分后可得弯矩、扭矩与曲率和扭率的关系

$$\boldsymbol{M} = -\boldsymbol{D}\boldsymbol{w}''$$

（3-49）

式中　$\boldsymbol{M} = \begin{bmatrix} M_x \\ M_y \\ M_{xy} \end{bmatrix} = \begin{bmatrix} \int_{-h/2}^{h/2}\sigma_x z\mathrm{d}z \\ \int_{-h/2}^{h/2}\sigma_y z\mathrm{d}z \\ \int_{-h/2}^{h/2}\tau z\mathrm{d}z \end{bmatrix}$，$\boldsymbol{D} = \frac{Eh^3}{12(1-\mu^2)}\begin{bmatrix} 1 & \mu & \\ \mu & 1 & \\ & & \frac{1}{2}(1-\mu) \end{bmatrix}$，$(\boldsymbol{w}'')^{\mathrm{T}} = \begin{bmatrix} \dfrac{\partial^2 w}{\partial x^2} & \dfrac{\partial^2 w}{\partial y^2} & 2\dfrac{\partial^2 w}{\partial x\partial y} \end{bmatrix}$

式中，h 为板的厚度；M_x、M_y 和 M_{xy} 分别是作用在单位宽度上的弯矩和扭矩，它们的单位是 "N" 而不是 "N·m"；$\partial^2 w/\partial x^2$ 和 $\partial^2 w/\partial y^2$ 称为弯曲曲率；$\partial^2 w/\partial x\partial y$ 称为扭曲曲率；$\boldsymbol{M}$ 表示力矩矢量。式（3-49）也称为板广义应力 $\boldsymbol{M}$ 和广义应变 $\boldsymbol{w}''$ 关系，或称薄板的本构关系。

在薄板理论中不考虑横向剪切变形，故作用在单位宽度上的剪力是根据微元的平衡条件

求出的，即

$$Q_x = \frac{\partial M_x}{\partial x} + \frac{\partial M_{xy}}{\partial y}$$

$$Q_y = \frac{\partial M_y}{\partial y} + \frac{\partial M_{yx}}{\partial x}$$
（3-50）

剪力的单位为 "N/m" 而不是 "N"。关于弯矩、扭矩和剪力的方向，参见图 3-9。值得指出的是：内力 Q_x 和 Q_y 不产生应变，因此也不做功，是可以消去的内力。

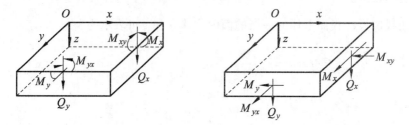

图 3-9　弯矩、扭矩和剪力的方向

在薄板理论中，σ_x 和 σ_y 称为弯曲应力（为主应力），它们分别与弯矩 M_x 和 M_y 成比例；面内剪应力 τ_{xy} 称为扭应力（为主应力），它与扭矩 M_{xy} 成比例，并且都是 z 的奇函数。即

$$\sigma_x = \frac{12z}{h^3} M_x, \ \sigma_y = \frac{12z}{h^3} M_y, \ \tau_{xy} = \frac{12z}{h^3} M_{xy}$$
（3-51）

横向剪应力 τ_{xz} 和 τ_{yz} 为次应力，它们分别与 Q_x 和 Q_y 成比例，并且都是 z 的偶函数，即

$$\tau_{xz} = \frac{3}{2h}\left(1 - \frac{4z^2}{h^2}\right)Q_x$$

$$\tau_{yz} = \frac{3}{2h}\left(1 - \frac{4z^2}{h^2}\right)Q_y$$
（3-52）

正应力 σ_z 称为挤压应力（为次应力），它与 q 成比例，其表达式为

$$\sigma_z = -q\left(\frac{1}{2} - \frac{3z}{2h} + \frac{2z^3}{h^3}\right)$$
（3-53）

利用上述结果，薄板的单位面积应变能，即应变能密度函数 U 可表示为

$$U = \frac{1}{2}\int_{-h/2}^{h/2} \boldsymbol{\sigma}^{\mathrm{T}}\boldsymbol{\varepsilon}\mathrm{d}z = \frac{1}{2}\boldsymbol{w}''^{\mathrm{T}}\boldsymbol{D}\boldsymbol{w}''$$
（3-54）

3.2.2　坐标变换

板的形状可以是任意的，为了易于处理边界条件和简化公式推导，通常需要进行坐标变换。如图 3-10 所示，用 n 和 s 分别表示板边界上某点的外法向和切向，在边界上的 Ons 坐标系与域内的 Oxy 坐标系之间存在夹角 θ。当需要知道 Oxy 坐标系内各物理量与 Ons 坐标系内各物理量之间的关系时，就要用到下列关系式：

$$x = n\cos\theta - s\sin\theta$$
$$y = n\sin\theta + s\cos\theta$$

（3-55）

式中，$\cos\theta$ 和 $\sin\theta$ 是 n 轴的方向余弦，为了书写方便起见，下面分别用符号 n_x 和 n_y 来表示。

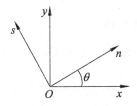

图 3-10　坐标关系

由于挠度 w 垂直于坐标平面，故有

$$w(x, y) = w(n, s)$$

（3-56）

即垂直于坐标平面的挠度函数 w 不需要坐标变换，但其斜率是通过挠度函数对坐标的导数来定义的，两个斜率方向构成了一个直角坐标平面，因此斜率需要坐标变换。利用复合函数的微分法，可得

$$\frac{\partial w}{\partial n} = \frac{\partial w}{\partial x}\frac{\partial x}{\partial n} + \frac{\partial w}{\partial y}\frac{\partial y}{\partial n} = n_x\frac{\partial w}{\partial x} + n_y\frac{\partial w}{\partial y}$$
$$\frac{\partial w}{\partial s} = \frac{\partial w}{\partial x}\frac{\partial x}{\partial s} + \frac{\partial w}{\partial y}\frac{\partial y}{\partial s} = -n_y\frac{\partial w}{\partial x} + n_x\frac{\partial w}{\partial y}$$

（3-57）

剪力的变换规律与斜率相同，因此有

$$Q_n = n_x Q_x + n_y Q_y$$
$$Q_s = -n_y Q_x + n_x Q_y$$

（3-58）

将 $\partial w / \partial n$ 和 $\partial w / \partial s$ 看作函数，于是曲率和扭率的变换关系为

$$\frac{\partial^2 w}{\partial n^2} = \frac{\partial}{\partial n}\left(\frac{\partial w}{\partial n}\right) = \frac{\partial w}{\partial x}\frac{\partial x}{\partial n} + \frac{\partial w}{\partial y}\frac{\partial y}{\partial n} = n_x\frac{\partial}{\partial x}\left(\frac{\partial w}{\partial n}\right) + n_y\frac{\partial}{\partial y}\left(\frac{\partial w}{\partial n}\right)$$
$$= n_x^2\frac{\partial^2 w}{\partial x^2} + 2n_x n_y\frac{\partial^2 w}{\partial x\partial y} + n_y^2\frac{\partial^2 w}{\partial y^2}$$

（3-59）

$$\frac{\partial^2 w}{\partial n^2} = \frac{\partial}{\partial n}\left(\frac{\partial w}{\partial n}\right) = \frac{\partial w}{\partial x}\frac{\partial x}{\partial n} + \frac{\partial w}{\partial y}\frac{\partial y}{\partial n} = n_x\frac{\partial}{\partial x}\left(\frac{\partial w}{\partial n}\right) + n_y\frac{\partial}{\partial y}\left(\frac{\partial w}{\partial n}\right)$$
$$= n_x^2\frac{\partial^2 w}{\partial x^2} + 2n_x n_y\frac{\partial^2 w}{\partial x\partial y} + n_y^2\frac{\partial^2 w}{\partial y^2}$$

（3-60）

$$\frac{\partial^2 w}{\partial n\partial s} = -n_x n_y\frac{\partial^2 w}{\partial x^2} + (n_x^2 - n_y^2)\frac{\partial^2 w}{\partial x\partial y} + n_x n_y\frac{\partial^2 w}{\partial y^2}$$

（3-61）

弯矩和扭矩的变换规律与曲率和扭率的相同，于是有

$$\left. \begin{array}{l} M_n = n_x^2 M_x + 2n_x n_y M_{xy} + n_y^2 M_y \\ M_s = n_y^2 M_x - 2n_x n_y M_{xy} + n_x^2 M_y \\ M_{ns} = -n_x n_y M_x + (n_x^2 - n_y^2)M_{xy.} + n_x n_y M_y \end{array} \right\} \qquad (3\text{-}62)$$

3.2.3 最小总势能原理和平衡方程

以 w 作为自变函数并利用式（3-54），薄板的总势能泛函表达式为

$$\Pi = \iint_A \left(\frac{1}{2} \boldsymbol{w}''^{\mathrm{T}} \boldsymbol{D} \boldsymbol{w}'' - qw \right) \mathrm{d}x\mathrm{d}y - \int_{B_\sigma} \bar{q}_n w \mathrm{d}s + \int_{B_\sigma + B_\psi} \bar{M}_n \frac{\partial w}{\partial n} \mathrm{d}s - \sum \bar{P}_i w_i \qquad (3\text{-}63)$$

式中，q 为作用在单位面积上的 z 向载荷；$\bar{q}_n$ 为作用在自由边界 B_σ 上的 z 向线分布载荷；$\bar{M}_n$ 为作用在自由边界或简支边界上的弯矩，注意其正方向与 $\partial w / \partial n$ 的正方向相反；B_ψ 为简支边界段；$\bar{P}_i$ 为作用在点 i 上的 z 向集中载荷。

总势能的一阶变分为

$$\delta \Pi = \iint_A (\boldsymbol{w}''^{\mathrm{T}} \boldsymbol{D} \delta \boldsymbol{w}'' - q\delta w)\mathrm{d}x\mathrm{d}y - \int_{B_\sigma} \bar{q}_n \delta w \mathrm{d}s + \int_{B_\sigma + B_\psi} \bar{M}_n \delta \frac{\partial w}{\partial n} \mathrm{d}s - \sum \bar{P}_i \delta w_i \qquad (3\text{-}64)$$

经过分部积分，式（3-64）中应变能的一阶变分可展开为

$$\iint_A \boldsymbol{w}''^{\mathrm{T}} \boldsymbol{D} \delta \boldsymbol{w}'' \mathrm{d}x\mathrm{d}y = -\iint_A \boldsymbol{M}^{\mathrm{T}} \delta \boldsymbol{w}'' \mathrm{d}x\mathrm{d}y$$

$$= -\iint_A \left(M_x \frac{\partial^2 \delta w}{\partial x^2} + 2M_{xy} \frac{\partial^2 \delta w}{\partial x \partial y} + M_y \frac{\partial^2 \delta w}{\partial y^2} \right) \mathrm{d}x\mathrm{d}y$$

$$= \iint_A \left(\frac{\partial M_x}{\partial x} \frac{\partial \delta w}{\partial x} + \frac{\partial M_{xy}}{\partial x} \frac{\partial \delta w}{\partial y} + \frac{\partial M_{xy}}{\partial y} \frac{\partial \delta w}{\partial x} + \frac{\partial M_y}{\partial y} \frac{\partial \delta w}{\partial y} \right) \mathrm{d}x\mathrm{d}y -$$

$$\oint \left(n_x M_x \frac{\partial \delta w}{\partial x} + n_y M_{xy} \frac{\partial \delta w}{\partial x} + n_x M_{xy} \frac{\partial \delta w}{\partial y} + n_y M_y \frac{\partial \delta w}{\partial y} \right) \mathrm{d}s \qquad (3\text{-}65)$$

利用式（3-57）和式（3-62），式（3-65）中的周线积分可改写成

$$-\oint \begin{bmatrix} M_x & M_y & M_{xy} \end{bmatrix} \begin{bmatrix} n_x & 0 \\ n_y & n_x \\ 0 & n_y \end{bmatrix} \begin{bmatrix} \dfrac{\partial \delta w}{\partial x} \\ \dfrac{\partial \delta w}{\partial y} \end{bmatrix} \mathrm{d}s$$

$$= -\oint \begin{bmatrix} M_x & M_y & M_{xy} \end{bmatrix} \begin{bmatrix} n_x^2 & -n_x n_y \\ 2n_x n_y & n_x^2 - n_y^2 \\ n_y^2 & n_x n_y \end{bmatrix} \begin{bmatrix} \dfrac{\partial \delta w}{\partial n} \\ \dfrac{\partial \delta w}{\partial s} \end{bmatrix} \mathrm{d}s$$

$$= -\oint \begin{bmatrix} M_n & M_{ns} \end{bmatrix} \begin{bmatrix} \dfrac{\partial \delta w}{\partial n} \\ \dfrac{\partial \delta w}{\partial s} \end{bmatrix} \mathrm{d}s - \oint \left(M_n \frac{\partial \delta w}{\partial n} - \frac{\partial M_{ns}}{\partial s} \delta w \right) \mathrm{d}s - \sum M_{ns} \delta w \Big|_i \qquad (3\text{-}66)$$

式中，求和符号表示在有集中载荷作用处也就是 M_{ns} 的间断点。若用 s_i 表示间断点 i 的坐标，则有

$$-\sum M_{ns}\delta w\big|_i = \sum\{M_{ns}(s_i+0)-M_{ns}(s_i-0)\}\delta w_i \tag{3-67}$$

式（3-64）中的面积分可再一次进行分部积分并利用式（3-50）和式（3-58），得到

$$-\iint_A\left(\frac{\partial^2 M_x}{\partial x^2}+2\frac{\partial^2 M_{xy}}{\partial x\partial y}+\frac{\partial^2 M_y}{\partial y^2}\right)\delta w\mathrm{d}x\mathrm{d}y+\oint\left(n_x\frac{\partial M_x}{\partial x}+n_y\frac{\partial M_{xy}}{\partial x}+n_x\frac{\partial M_{xy}}{\partial y}+n_y\frac{\partial M_y}{\partial y}\right)\delta w\mathrm{d}s$$

$$=-\iint_A\left(\frac{\partial^2 M_x}{\partial x^2}+2\frac{\partial^2 M_{xy}}{\partial x\partial y}+\frac{\partial^2 M_y}{\partial y^2}\right)\delta w\mathrm{d}x\mathrm{d}y+\oint Q_n\delta w\mathrm{d}s \tag{3-68}$$

把式（3-66）～（3-68）代入式（3-65），再把结果代入式（3-64），令该一阶变分等于零，得到

$$\delta\Pi = -\iint_A\left(\frac{\partial^2 M_x}{\partial x^2}+2\frac{\partial^2 M_{xy}}{\partial x\partial y}+\frac{\partial^2 M_y}{\partial y^2}+q\right)\delta w\mathrm{d}x\mathrm{d}y-\oint M_n\frac{\partial\delta w}{\partial n}\delta w\mathrm{d}s+$$

$$\oint\left(Q_n+\frac{\partial M_{ns}}{\partial s}\right)\delta w\mathrm{d}s-\int_{B_\sigma}\bar{q}_n\delta w\mathrm{d}s+\int_{B_\sigma+B_\psi}\bar{M}_n\delta\frac{\partial w}{\partial n}\mathrm{d}s+$$

$$\sum\{M_{ns}(s_i+0)-M_{ns}(s_i-0)-\bar{P}\}\delta w_i = 0 \tag{3-69}$$

注意到在固支边 B_u 上有强制边界条件 $\partial\delta w/\partial n=0$ 和 $\delta w=0$，在简支边上有强制边界条件 $\delta w=0$。因此，式（3-69）等价于下列条件：

平衡方程：

$$\frac{\partial^2 M_x}{\partial x^2}+2\frac{\partial^2 M_{xy}}{\partial x\partial y}+\frac{\partial^2 M_y}{\partial y^2}+q=0 \tag{3-70}$$

简支边 B_ψ 上：

$$M_n=\bar{M}_n \tag{3-71}$$

自由边 B_σ 上：

$$\left.\begin{array}{l}M_n=\bar{M}_n\\[2mm]Q_n+\dfrac{\partial M_{ns}}{\partial s}=\bar{q}_n\end{array}\right\} \tag{3-72}$$

集中载荷处：

$$M_{ns}(s_i+0)-M_{ns}(s_i-0)=\bar{P} \tag{3-73}$$

因此，总势能泛函式（3-63）可以作为构造薄板弯曲问题有限元方法的理论基础。

3.2.4　薄板弯曲单元

在总势能泛函式（3-63）中，自变函数 w 的最高阶导数是二阶导数，因此要求 w 满足 C^1 类连续性要求，即 w 及其一阶导数必须处处连续。构造 C^1 类协调元是相当麻烦甚至是困难的，这在历史上成为推动变分法和有限元法研究的重要因素之一，至今仍受到不少研究者的注意。

不同变分原理的自变函数是不同的，因此对连续性的要求也就不同。若用最小势能原理来建立薄板弯曲的有限单元方法，那么满足 w、$\partial w/\partial x$ 和 $\partial w/\partial y$ 连续性条件的单元称为协调单元；若只保证 w 连续，而 $\partial w/\partial x$ 和 $\partial w/\partial y$ 可能不连续，称为部分协调单元；若不仅 w、$\partial w/\partial x$ 和 $\partial w/\partial y$ 连续，而且还有 $\partial^2 w/\partial x^2$、$\partial^2 w/\partial x\partial y$ 和 $\partial^2 w/\partial y^2$ 也都连续，则称为过分协调单元。从理论上看，协调单元比较理想，因为它严格遵守变分原理，许多理论问题比较容易回答。部

分协调单元的优点是方程比较简单，如果使用得当，也能得到很好的近似解，但若使用不当，则收敛性较差。过分协调单元不是普遍适用的方法。如在某个问题中 $\partial^2 w/\partial x^2$、$\partial^2 w/\partial x \partial y$ 和 $\partial^2 w/\partial y^2$ 是不连续的，而在近似计算中强令它们处处连续，那么所得结果不可能收敛到正确解。但若问题的 $\partial^2 w/\partial x^2$、$\partial^2 w/\partial x \partial y$ 和 $\partial^2 w/\partial y^2$ 确实是连续的，那么恰当利用相应的过分协调单元能加快收敛速度。

薄板的弯曲问题和薄板的平面应力问题之间存在一个对应关系，参见 3.2.5 节的内容。概括起来说就是：弯曲问题的最小势能原理相当于平面问题的最小余能原理，而弯曲问题的最小余能原理则相当于平面问题的最小势能原理。由此可知，薄板弯曲问题的位移法相当于平面问题中的力法，而弯曲问题中的力法则相当于平面问题中的位移法。根据这个关系，在这里只讨论薄板弯曲问题的位移有限单元方法。

1. 矩形单元

构造单元的核心工作是要写出满足变分原理要求的单元容许位移函数。在下面的讨论中，主要着重介绍节点参数的配置和容许位移函数的性质，分析单元的协调性，关于计算单元刚阵、质量矩阵和载荷列向量的方法，这里不再赘述。但要指出，平板问题结构矩阵的计算和规模要远大于一维结构矩阵。

（1）12 个位移参数的部分协调矩形单元。

每一个节点配置的 3 个参数为

$$w, \frac{\partial w}{\partial x}, \frac{\partial w}{\partial y}$$

容许位移函数可以写成为

$$w = a_0 + a_1 x + a_2 y + a_3 x^2 + a_4 xy + a_5 y^2 + a_6 x^3 + a_7 x^2 y + a_8 xy^2 + a_9 y^3 + a_{10} x^3 y + a_{11} xy^3 \quad (3\text{-}74)$$

如图 3-11 所示，在矩形的每一条边上，w 是 x 或 y 的三次函数，它正好可以由此边两端的四个位移参数完全确定，因而挠度 w 是协调的。在每一条边上，$\partial w/\partial n$（法向导数）是 x 或 y 的二次函数，而在此边两端总共只有两个参数与 $\partial w/\partial n$ 有关，因而在每一条边上，$\partial w/\partial n$ 可能有两个自由度不协调。所以这种单元是一种部分协调单元。Zienkiewicz 和 Clough 等各自独立推导了有关公式。

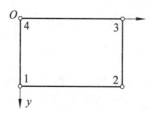

图 3-11　板弯曲矩形单元

（2）16 个位移参数的过分协调矩形单元。

这种单元由 Bogner 等首先提出的。每一个节点配置的 4 个参数为

$$w, \frac{\partial w}{\partial x}, \frac{\partial w}{\partial y}, \frac{\partial^2 w}{\partial x \partial y}$$

选完备双三次多项式作为容许位移函数，即

$$w = \sum_{i=0}^{3} \sum_{j=0}^{3} a_{ij} x^i y^j \tag{3-75}$$

在任何公共边上，w 和 $\partial w / \partial n$ 都是连续的。例如对于边 $\overline{14}$（见图 3-11），w 是 y 的三次函数，它正好可以由此边两端的 w 和 $\partial w / \partial y$ 完全确定，所以挠度 w 是连续的。而 $\partial w / \partial x$ 也是 y 的三次函数，它可以由此边两端的 $\partial w / \partial x$ 和 $\partial^2 w / \partial x \partial y$ 完全确定。此外，$\partial^2 w / \partial x \partial y$ 在节点上是连续的，因此这种单元是过分协调的。

（3）24 个位移参数的过分协调矩形单元。

1971 年，Popplewell 和 McDonald 提出了 24 个位移参数的过分协调元素，但只说明了推导过程，Gopalacharyulu 和 Watkin 给出了容许位移函数。每一个节点配置的 6 个参数为

$$w, \frac{\partial w}{\partial x}, \frac{\partial w}{\partial y}, \frac{\partial^2 w}{\partial x^2}, \frac{\partial^2 w}{\partial x \partial y}, \frac{\partial^2 w}{\partial y^2}$$

这种矩形单元的优点是它可以与 18 参数三角形单元联合使用。

2. 三角形单元

三角形单元的优点是它能够用于处理比较复杂的边界。

（1）6 个位移参数的部分协调三角形单元。

3 个顶点的位移参数为 w，三边中点的位移参数为法向导数 $\partial w / \partial n$（向外为正），参见图 3-12。为了计算方便，可以把挠度 w 用一个二次函数来插值，即

$$w = w_1 \zeta_1 + w_2 \zeta_2 + w_3 \zeta_3 + A_1 \zeta_1 (1 - \zeta_1) + A_2 \zeta_2 (1 - \zeta_2) + A_3 \zeta_3 (1 - \zeta_3) \tag{3-76}$$

式中，A_1、A_2 和 A_3 通过三边中点的法向导数确定，结果为

$$\begin{bmatrix} A_1 \\ A_2 \\ A_3 \end{bmatrix} = 2A \begin{bmatrix} \dfrac{1}{l_1} \dfrac{\partial w_1}{\partial n} \\[2ex] \dfrac{1}{l_2} \dfrac{\partial w_2}{\partial n} \\[2ex] \dfrac{1}{l_3} \dfrac{\partial w_3}{\partial n} \end{bmatrix}$$

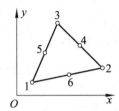

图 3-12　三角形薄板弯曲单元

这种单元的挠度只在 3 个顶点连续，而法向导数也只在 3 个边的中点连续，这是一种部分协调单元。在单元内部，曲率是常数，弯曲刚度通常为常数，这样该单元的内力矩为常数，所以称这种单元为常内力矩单元。

（2）9 个位移参数的部分协调三角形单元。

这是一种常用的三角形单元，其节点参数为

$$w, \frac{\partial w}{\partial x}, \frac{\partial w}{\partial y}$$

用一个关于 x 或 y 的完备三次函数作为单元容许位移函数，即

$$\begin{aligned}w = {}& a_1\zeta_1 + a_2\zeta_2 + a_3\zeta_3 + a_4\zeta_1^2\zeta_2 + a_5\zeta_1^2\zeta_3 + a_6\zeta_2^2\zeta_3 + \\ & a_7\zeta_2^2\zeta_1 + a_8\zeta_3^2\zeta_2 + a_9\zeta_3^2\zeta_1 + a_{10}\zeta_3\,\zeta_2\zeta_1\end{aligned} \tag{3-77}$$

显然，式（3-77）中参数 a_{10} 无法用节点位移参数表达，因为 $a_{10}\zeta_3\,\zeta_2\zeta_1$ 在 3 个顶点都不产生挠度和斜率，因此 a_{10} 代表一种内部自由度。如果令 a_{10} 等于零，则式（3-77）中没有包含各种可能的 x 和 y 的二次式，收敛性不能得到保证。为了保证收敛性，Bazely 等指出，选

$$a_{10} = \frac{1}{2}(a_4 + a_5 + a_6 + a_7 + a_8 + a_9)$$

这个取法具有关于 3 个顶点的对称性。

在这种单元的任意一条边上，w 是 ζ_1、ζ_2 和 ζ_3 的三次函数，因此也是弧长 s 的三次函数，这个三次函数可以由此边两端的 6 个参数完全确定，与第 3 个顶点无关，因此在公共边上挠度是连续的。在每一条边上，法向导数 $\partial w / \partial n$ 是 ζ_1、ζ_2 和 ζ_3 的二次函数，因而也是弧长 s 的二次函数，而我们只知道 $\partial w / \partial n$ 在此边两个顶点的值，因此用式（3-77）来确定 $\partial w / \partial n$ 时，一般还需要第 3 个顶点的信息。这就导致在公共边上，$\partial w / \partial n$ 一般有一个自由度不协调。这就是该单元为不协调单元的原因。

（3）18 个位移参数的过分协调三角形单元。

每一个节点配置的 6 个参数为

$$w, \frac{\partial w}{\partial x}, \frac{\partial w}{\partial y}, \frac{\partial^2 w}{\partial x^2}, \frac{\partial^2 w}{\partial x \partial y}, \frac{\partial^2 w}{\partial y^2}$$

这种矩形单元的优点是它可以与 24 参数矩形单元联合使用。

3. 完全协调三角形单元

前面介绍的薄板单元，不是部分协调的就是过分协调的。为了建立恰到好处的协调单元，需要借助一些新的概念或方法，如二次分片插入法、杂交方法、条件极值法、分项插入法和离散法线假设法等。这里只介绍由 Clough 和 Tocher 建立三角形协调元使用的二次分片插入法。

图 3-13 所示为一个典型三角形单元 123，每个顶点仍然赋予 3 个位移参数：w、$\dfrac{\partial w}{\partial x}$、$\dfrac{\partial w}{\partial y}$，在三角形三个边的中点上各赋予一个位移参数：$\dfrac{\partial w}{\partial n}$。

这样的三角形单元共有 12 个位移参数。在三角形单元内再取一个点 0（通常选择形心），它将原三角形再分割成为 3 个小三角形 031、012 和 023。对 0 点也赋予 3 个参数 w_0、$\partial w_0 / \partial x$ 和 $\partial w_0 / \partial y$。在每个小三角形内部，如在 023 内，用完备的三次多项式进行插值，该多项式共有 10 个系数，正好可以用与小三角形 023 有关的下列 10 个参数来确定：0、2 和 3 节点的 w、

$\partial w / \partial x$ 和 $\partial w / \partial y$ 和 4 点的 $\partial w / \partial n$。在其他 2 个小三角形内部可以做类似的插值。这样得到的三角形单元的公共边上是完全协调的，这是因为在每一条边上，挠度 w 是边界弧长 s 的三次函数，它正好可以由此边两端位移参数所确定，$\partial w / \partial n$ 是 s 的二次函数，它正好由此边两端及中点上的参数完全确定。

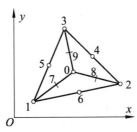

图 3-13　协调三角薄板弯曲单元

在三角形的内部边界 01、02 和 03 上，w 是弧长 s 的三次函数，因此是连续的。$\partial w / \partial n$ 是 s 的二次函数，因此只要能保证在内部边界的中点 7、8 和 9 点上 $\partial w / \partial n$ 是连续的，则 $\partial w / \partial n$ 在整个内部边界上连续。因为该单元还有 3 个内部自由度 w_0、$\partial w_0 / \partial x$ 和 $\partial w_0 / \partial y$ 可供选择，因此这些要求是可以满足的。

由此可知，经过在三角形单元内部再划分后，就可以做到在三角形内部和各个三角形单元之间都是协调的，因此上面讨论的三角形单元是一种完全协调的 12 个位移参数（3 个内部自由度已经消去）单元。此外，可以证明，在挠度的插值函数中包含着任意的 x 和 y 的二次多项式，这保证该单元是收敛的。

有了协调的三角形元素，就可以构造协调的任意四边形单元，这是因为任何一个四边形总可以分割成为 2 个三角形。

3.2.5　薄板的平面问题与弯曲问题的相似性

在板内没有载荷的情况下，薄板平面问题与弯曲问题之间，存在着一个严密的对应关系，这个关系是由 Southwell 指出的。概括地说，弯曲问题的最小势能原理相当于平面问题的最小余能原理，而弯曲问题的最小余能原理则相当于平面问题的最小势能原理。由此可知，薄板弯曲问题的位移法相当于平面问题中的力法，而弯曲问题中的力法则相当于平面问题中的位移法。下面先说明几点，具体的对应关系参见表 3-1。

（1）两类问题中的标量彼此相等。例如

$$\phi = -w , \quad \frac{\partial u}{\partial x} - \frac{\partial v}{\partial y} = \frac{\partial \tilde{u}}{\partial x} + \frac{\partial \tilde{v}}{\partial y}$$

（2）两类问题中的矢量相位相差 90°。例如

$$[u \quad v] = [-\tilde{v} \quad \tilde{u}] , \quad [\omega_x \quad \omega_y] = [-Q_y \quad Q_x]$$

（3）二阶张量之间也相差 90°。例如

$$\begin{bmatrix} \sigma_x & \tau_{xy} \\ \tau_{xy} & \sigma_y \end{bmatrix} = \begin{bmatrix} \chi_y & -\chi_{xy} \\ -\chi_{xy} & \chi_x \end{bmatrix} , \quad \begin{bmatrix} \varepsilon_x & \frac{1}{2}\gamma_{xy} \\ \frac{1}{2}\gamma_{xy} & \varepsilon_y \end{bmatrix} = \begin{bmatrix} M_y & -M_{xy} \\ -M_{xy} & M_x \end{bmatrix}$$

　　两类问题的相似性具有重要的理论、计算和工程应用价值。比如在做实验分析时，测量平面应变中的应变比测量弯曲问题中的曲率容易，而测量弯曲中的挠度是比较容易的，但平面问题中的应力函数 ϕ 是无法测量的。

表 3-1　薄板弯曲问题与平面问题的相似性（板内没有载荷）

薄板问题	平面问题
$-w$	ϕ（应力函数）
$\chi_x = -\dfrac{\partial^2 w}{\partial x^2},\ \chi_y = -\dfrac{\partial^2 w}{\partial y^2},\ \chi_{xy} = -\dfrac{\partial^2 w}{\partial x \partial y}$	$\sigma_x = \dfrac{\partial^2 \phi}{\partial x^2},\ \sigma_y = \dfrac{\partial^2 \phi}{\partial y^2},\ -\tau_{xy} = \dfrac{\partial^2 \phi}{\partial x \partial y}$
U	V
$M_x = \dfrac{\partial U}{\partial \chi_x},\ M_y = \dfrac{\partial U}{\partial \chi_y},\ 2M_{xy} = \dfrac{\partial U}{\partial \chi_{xy}}$	$\varepsilon_x = \dfrac{\partial V}{\partial \sigma_x},\ \varepsilon_y = \dfrac{\partial V}{\partial \sigma_y},\ -\gamma_{xy} = -\dfrac{\partial V}{\partial \tau_{xy}}$
$Q_x = \dfrac{\partial M_x}{\partial x} + \dfrac{\partial M_{xy}}{\partial y},\ Q_y = \dfrac{\partial M_y}{\partial y} + \dfrac{\partial M_{yx}}{\partial x}$	$\omega_y = \dfrac{\partial \varepsilon_y}{\partial x} - \dfrac{1}{2}\dfrac{\partial \gamma_{xy}}{\partial y},\ -\omega_x = -\dfrac{1}{2}\dfrac{\partial \gamma_{xy}}{\partial x} + \dfrac{\partial \varepsilon_x}{\partial y}$
$\dfrac{\partial Q_x}{\partial x} + \dfrac{\partial Q_y}{\partial y} = 0$	$\dfrac{\partial \omega_y}{\partial x} - \dfrac{\partial \omega_x}{\partial y} = 0$
$-\tilde{v}, \tilde{u}$（应力函数）	u, v
$M_y = -\dfrac{\partial \tilde{v}}{\partial x},\ M_x = \dfrac{\partial \tilde{u}}{\partial y},\ -2M_{xy} = -\dfrac{\partial \tilde{v}}{\partial y} + \dfrac{\partial \tilde{u}}{\partial x}$	$\varepsilon_x = \dfrac{\partial u}{\partial x},\ \varepsilon_y = \dfrac{\partial v}{\partial y},\ \gamma_{xy} = \dfrac{\partial u}{\partial y} + \dfrac{\partial v}{\partial x}$
$-Q_y = \dfrac{1}{2}\dfrac{\partial}{\partial x}\left(\dfrac{\partial \tilde{u}}{\partial x} + \dfrac{\partial \tilde{v}}{\partial y}\right)$	$\omega_x = \dfrac{1}{2}\dfrac{\partial}{\partial x}\left(\dfrac{\partial v}{\partial x} - \dfrac{\partial u}{\partial y}\right)$
$Q_x = \dfrac{1}{2}\dfrac{\partial}{\partial y}\left(\dfrac{\partial \tilde{u}}{\partial x} + \dfrac{\partial \tilde{v}}{\partial y}\right)$	$\omega_y = \dfrac{1}{2}\dfrac{\partial}{\partial y}\left(\dfrac{\partial v}{\partial x} - \dfrac{\partial u}{\partial y}\right)$
在固支边上	在增加约束的自由边上
$-w =$ 已知函数 $= \varphi$	
$-\dfrac{\partial w}{\partial n} =$ 已知函数 $= \dfrac{\partial \phi}{\partial n}$	
在具有刚性位移的固支边上	在自由边上
$-w = \gamma + \beta y + \alpha x +$ 已知函数 $= \varphi$	
$-\dfrac{\partial w}{\partial n} = \alpha\cos\theta + \beta\sin\theta +$ 已知函数 $= \dfrac{\partial \phi}{\partial n}$	
在自由边上	在放松条件的固支边上
$M_n =$ 已知函数 $= \varepsilon_s$	
$\dfrac{\partial M_{ns}}{\partial s} + Q_n =$ 已知函数 $= -\dfrac{1}{2}\dfrac{\partial \gamma_{ns}}{\partial s} + \omega_y\cos\theta - \omega_x\sin\theta = \lambda_s$	
在限制外力的自由边上	在固支边上
$-\tilde{v} =$ 已知函数 $= u$	
$\tilde{u} =$ 已知函数 $= v$	

3.3 剪切板

Reissner[7]在 1945 年提出了考虑横向剪切变形的各向同性板理论，通常称为剪切板或厚板理论，也有些文献称之为 Mindlin 板理论[8]。这个理论实质上是剪切梁理论的二维推广，其中假设原先垂直于板中面的一段直线在板变形时始终保持为长度不变的直线，但可不再与变形后的板中面垂直。因此，需要通过板的挠度以及上述直线段在两个方向上的转角才能完全确定板的变形状况。由于现在有 3 个广义位移，因此该理论也可称作具有 3 个广义位移的板理论。

3.3.1 基本公式

取板的中面为 xy 平面，z 轴与 xy 平面垂直，则板内任一点的位移可表示为

$$\left.\begin{array}{l} u(x,y,z) = -z\psi_x(x,y) \\ v(x,y,z) = -z\psi_y(x,y) \\ w(x,y,z) = w(x,y) \end{array}\right\} \tag{3-78}$$

式中，ψ_x 是 xz 平面内的转角，从 x 轴转 90°到 z 轴的转向为正，ψ_y 是 yz 平面内的转角，从 y 轴转 90°到 z 轴的转向为正，w 仍为挠度。

把式（3-78）代入式（3-48），即可把式（3-49）改写成

$$\boldsymbol{M} = -\boldsymbol{D}\boldsymbol{\psi}' \tag{3-79}$$

式中

$$\boldsymbol{\psi}'^{\mathrm{T}} = \left[\frac{\partial \psi_x}{\partial x} \quad \frac{\partial \psi_y}{\partial y} \quad \frac{\partial \psi_x}{\partial y} + \frac{\partial \psi_y}{\partial x}\right]$$

在剪切板理论中，由于放松了直法线假设，所以出现了两个剪切变形，可表示为

$$\left.\begin{array}{l} \gamma_x = \dfrac{\partial w}{\partial x} - \psi_x \\ \gamma_y = \dfrac{\partial w}{\partial y} - \psi_y \end{array}\right\} \tag{3-80}$$

于是，剪力可直接利用物理方程导出如下：

$$\left.\begin{array}{l} Q_x = \kappa Gh\left(\dfrac{\partial w}{\partial x} - \psi_x\right) \\ Q_y = \kappa Gh\left(\dfrac{\partial w}{\partial y} - \psi_y\right) \end{array}\right\} \tag{3-81}$$

式中，κ 是剪切修正系数，当材料沿板厚均匀分布时，通常取 κ=5/6。

利用上述结果，剪板的单位面积应变能，即应变能密度函数 U 可表示为

$$U = \frac{1}{2}\boldsymbol{\psi}'^{\mathrm{T}}\boldsymbol{D}\boldsymbol{\psi} + \frac{1}{2}\kappa Gh\boldsymbol{\gamma}^{\mathrm{T}}\boldsymbol{\gamma} \tag{3-82}$$

式中

$$\boldsymbol{\gamma}^{\mathrm{T}} = \left[\frac{\partial w}{\partial x} - \psi_x \quad \frac{\partial w}{\partial y} - \psi_y\right] \tag{3-83}$$

取 w、ψ_x 和 ψ_y 作为自变函数,即可写出剪切板的总势能泛函表达式,即

$$\Pi = \iint_A \left(\frac{1}{2} \boldsymbol{\psi}'^{\mathrm{T}} \boldsymbol{D} \boldsymbol{\psi} + \frac{1}{2} \kappa G h \boldsymbol{\gamma}^{\mathrm{T}} \boldsymbol{\gamma} - m_x \psi_x - m_y \psi_y - qw \right) \mathrm{d}x\mathrm{d}y -$$

$$\int_{B_\sigma} (\bar{M}_{ns} \psi_s - \bar{q}_n w) \mathrm{d}s + \int_{B_\sigma + B_\psi} \bar{M}_n \psi_n \mathrm{d}s \qquad (3\text{-}84)$$

式中,m_x 和 m_y 分别为 xz 平面和 yz 平面内作用在单位面积板面上的弯矩;ψ_n 为 nz 平面内的转角;ψ_s 为 sz 平面内的转角。

对式(3-84)进行变分和分部积分运算,可得出剪切板的平衡方程如下:

$$\begin{cases} -\dfrac{\partial M_x}{\partial x} - \dfrac{\partial M_{xy}}{\partial y} + Q_x + m_x = 0 \\[2mm] -\dfrac{\partial M_y}{\partial y} - \dfrac{\partial M_{xy}}{\partial x} + Q_y + m_y = 0 \\[2mm] \dfrac{\partial Q_x}{\partial x} + \dfrac{\partial Q_y}{\partial y} + q = 0 \end{cases} \qquad (3\text{-}85)$$

而自然边界条件即是如下的力的边界条件:

简支边 B_ψ 上:$M_n = \bar{M}_n$ \qquad (3-86)

自由边 B_σ 上:$M_n = \bar{M}_n$,$M_{ns} = \bar{M}_{ns}$,$Q_n = \bar{q}_n$ \qquad (3-87)

本问题中的强制边界条件,即位移边界条件为:

固定边上:$w = \bar{w}$, $\psi_n = \bar{\psi}_n$, $\psi_s = \bar{\psi}_s$ \qquad (3-88)

简支边上:$w = \bar{w}$, $\psi_s = \bar{\psi}_s$ \qquad (3-89)

式中,带有上横杠的量是事先指定的位移,一般都取为 0。

在剪切板的总势能泛函表达式中,w、ψ_x 和 ψ_y 的最高阶导数都是一阶导数,因此剪切板的有限元属于 C^0 类有限元。从力学观点看,剪切板理论是剪切梁理论的二维推广,这时自变函数从两个增加到三个。从有限元角度看,既然同属于 C^0 类有限元,w、ψ_x 和 ψ_y 的具体表达式又可直接套用平面弹性力学问题中 u 和 v 的表达式,只是分块的节点位移矢量多了一个,并没有带来本质的不同,参见表 3-2。

表 3-2 常用的中厚板单元

编号	单元形状及节点	节点参数	参数总数	插值函数	对 γ_x 和 γ_y 的说明	能够用于经典理论
1		角点:w, ψ_x, ψ_y	9	$w = a_1 + a_2 x + a_3 y + \dfrac{1}{2}[\beta_2 x^2 + (\beta_2 + \gamma_3)xy + \gamma_2 y^2]$ $\psi_x = \beta_1 + \beta_2 x + \beta_3 y$ $\psi_y = \gamma_1 + \gamma_2 x + \gamma_3 y$	在边界上 γ_s 为常数	×
2		角点:w, ψ_x, ψ_y 中点:w	12	w:二次多项式; ψ_x, ψ_y:一次多项式	—	×

编号	单元形状及节点	节点参数	参数总数	插值函数	对 γ_x 和 γ_y 的说明	能够用于经典理论
3		角点：$w,\dfrac{\partial w}{\partial x},\dfrac{\partial w}{\partial y},\gamma_x,\gamma_y$	15	w：三次多项式；γ_x,γ_y：线性分布	线性分布	√
4		角点：$w,\dfrac{\partial w}{\partial x},\dfrac{\partial w}{\partial y},\dfrac{\partial^2 w}{\partial x^2},\dfrac{\partial^2 w}{\partial x\partial y},\dfrac{\partial^2 w}{\partial y^2},$ $\gamma_x,\dfrac{\partial \gamma_x}{\partial x},\dfrac{\partial \gamma_x}{\partial y},\gamma_y,\dfrac{\partial \gamma_y}{\partial x},\dfrac{\partial \gamma_y}{\partial y}$ 内点：γ_x,γ_y	38	w：五次多项式（边界上 $\dfrac{\partial w}{\partial n}$ 为三次多项式）；ψ_x,ψ_y：三次多项式	—	√
5		角点：w,ψ_x,ψ_y	12	$w = a_1 + a_2 x + a_3 y + a_4 xy +$ $\dfrac{1}{2}(b_2 x^2 + c_3 y^2 + b_4 x^2 y + c_4 xy^2)$ $\psi_x = b_1 + b_2 x + b_3 y + b_4 xy$ $\psi_y = c_1 + c_2 x + c_3 y + c_4 xy$	$\dfrac{\partial \gamma_x}{\partial x}=0$ $\dfrac{\partial \gamma_y}{\partial y}=0$	×
6		每节点：w,ψ_x,ψ_y	24	对每一个函数都用下式插值（只是系数不同）：$a_1 + a_2 x + a_3 y + a_4 x^2 + a_5 xy + a_6 y^2$ $+ a_7 x^2 y + a_8 xy^2$		×
7		每节点：w,ψ_x,ψ_y	27	w,ψ_x,ψ_y：双二次多项式		×
8		每节点：$w,\psi_x,\psi_y,\gamma_x,\gamma_y$	20	$\dfrac{\partial w}{\partial x}=\gamma_x+\psi_x,\quad \dfrac{\partial w}{\partial y}=\gamma_y+\psi_y$ $w = a_0 + a_1 x + a_2 y + a_3 x^2 + a_4 xy +$ $a_5 y^2 + a_6 x^3 + a_7 x^2 y + a_8 xy^2 +$ $a_9 y^3 + a_{10} x^3 y + a_{11} xy^3$ γ_x,γ_y：双线性插入	双线性分布	√

3.3.2　四边形剪切板单元

3.2 节所述的矩形单元和三角形单元都是基于 Kirchhoff 薄板理论的，它忽略了剪切变形的影响。由于 Kirchhoff 板理论要求挠度的导数连续，给构造协调单元带来了不少麻烦。为此，可采用考虑剪切变形的 Mindlin 板理论来克服。这种方法比较简单，精度较好，并且能利用等参变换得到任意四边形甚至曲边四边形单元，因而实用价值高。

1. 位移模式

根据 Mindlin 板理论的假设，板内任意一点的位移由 3 个广义位移 w、ψ_x 和 ψ_y 完全确定。

图 3-14 所示的是 8 节点四边形剪切板单元，其单元节点位移参数为

$$\delta_i = \begin{Bmatrix} w_i \\ \theta_{xi} \\ \theta_{yi} \end{Bmatrix} = \begin{Bmatrix} w_i \\ \psi_{yi} \\ -\psi_{xi} \end{Bmatrix} \quad (i = 1, 2, 3, \cdots, 8) \tag{3-90}$$

式中，θ_x 和 θ_y 是跟挠度无关的独立的转角位移。

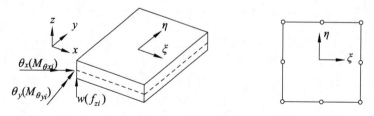

图 3-14　四边形单元

引入如下等参变换，即

$$x = \sum_{i=1}^{8} N_i x_i, \quad y = \sum_{i=1}^{8} N_i y_i \tag{3-91}$$

式中，形函数与平面单元的形式相同，其具体形式为

$$\left. \begin{aligned} N_i &= \frac{1}{4}(1 + \xi_i \xi)(1 + \eta_i \eta)(\xi_i \xi + \eta_i \eta - 1) \quad (\text{对于角点}) \\ N_i &= \frac{1}{2}(1 - \xi^2)(1 + \eta_i \eta) \quad (\text{对于边中点，且} \xi_i = 0) \\ N_i &= \frac{1}{2}(1 + \xi_i \xi)(1 - \eta^2) \quad (\text{对于边中点，且} \eta_i = 0) \end{aligned} \right\} \tag{3-92}$$

单元位移场的形式为

$$w = \sum_{i=1}^{8} N_i w_i, \quad \theta_x = \sum_{i=1}^{8} N_i \theta_{xi}, \quad \theta_y = \sum_{i=1}^{8} N_i \theta_{yi} \tag{3-93}$$

将式（3-93）代入式（3-78）可得

$$\begin{Bmatrix} u \\ v \\ w \end{Bmatrix} = \sum_{i=1}^{8} \begin{bmatrix} 0 & 0 & zN_i \\ 0 & -zN_i & 0 \\ N_i & 0 & 0 \end{bmatrix} \begin{Bmatrix} w_i \\ \theta_{xi} \\ \theta_{yi} \end{Bmatrix} \tag{3-94}$$

2. 应变、应力和单元刚度矩阵

Mindlin 板理论考虑了横向剪切变形，因此应变有 5 个分量，即

$$\varepsilon = \begin{Bmatrix} \varepsilon_x \\ \varepsilon_y \\ \gamma_{xy} \\ \gamma_{yz} \\ \gamma_{xz} \end{Bmatrix} = \begin{Bmatrix} z\partial\theta_y / \partial x \\ -z\partial\theta_x / \partial y \\ z(\partial\theta_y / \partial y - \partial\theta_x / \partial x) \\ \partial w / \partial y - \theta_x \\ \partial w / \partial x + \theta_y \end{Bmatrix} \tag{3-95}$$

把式（3-93）代入式（3-95），得单元应变列向量为

$$\varepsilon = \begin{bmatrix} z\boldsymbol{B}_{\mathrm{b}} \\ \boldsymbol{B}_{\mathrm{s}} \end{bmatrix} \delta^e \tag{3-96}$$

式中

$$\left.\begin{aligned} \boldsymbol{B}_{\mathrm{b}} &= [\boldsymbol{B}_{\mathrm{b1}} \quad \boldsymbol{B}_{\mathrm{b2}} \quad \cdots \quad \boldsymbol{B}_{\mathrm{b8}}] \\ \boldsymbol{B}_{\mathrm{s}} &= [\boldsymbol{B}_{\mathrm{s1}} \quad \boldsymbol{B}_{\mathrm{s2}} \quad \cdots \quad \boldsymbol{B}_{\mathrm{s8}}] \\ (\delta^e)^{\mathrm{T}} &= \{\boldsymbol{\delta}_1^{\mathrm{T}} \quad \boldsymbol{\delta}_2^{\mathrm{T}} \quad \cdots \quad \boldsymbol{\delta}_8^{\mathrm{T}}\} \end{aligned}\right\} \tag{3-97}$$

而其中的子矩阵

$$\boldsymbol{B}_{\mathrm{b}i} = \begin{bmatrix} 0 & 0 & \dfrac{\partial N_i}{\partial x} \\ 0 & -\dfrac{\partial N_i}{\partial y} & 0 \\ 0 & -\dfrac{\partial N_i}{\partial x} & \dfrac{\partial N_i}{\partial y} \end{bmatrix}, \quad \boldsymbol{B}_{\mathrm{s}i} = \begin{bmatrix} \dfrac{\partial N_i}{\partial y} & -N_i & 0 \\ \dfrac{\partial N_i}{\partial x} & 0 & N_i \end{bmatrix}, \quad (i=1,2,3,\cdots,8) \tag{3-98}$$

相应的应力分量也有 5 个，它们与应变之间的关系为

$$\boldsymbol{\sigma} = \begin{Bmatrix} \sigma_x \\ \sigma_y \\ \tau_{xy} \\ \tau_{yz} \\ \tau_{xz} \end{Bmatrix} = \begin{bmatrix} \boldsymbol{D}_{\mathrm{b}} & \boldsymbol{0} \\ \boldsymbol{0} & \boldsymbol{D}_{\mathrm{s}} \end{bmatrix} \begin{Bmatrix} \varepsilon_x \\ \varepsilon_y \\ \gamma_{xy} \\ \gamma_{yz} \\ \gamma_{xz} \end{Bmatrix} \tag{3-99}$$

式中，弹性矩阵为

$$\boldsymbol{D}_{\mathrm{b}} = \frac{E}{1-\mu^2} \begin{bmatrix} 1 & \mu & 0 \\ \mu & 1 & 0 \\ 0 & 0 & (1-\mu)/2 \end{bmatrix}, \quad \boldsymbol{D}_{\mathrm{s}} = \begin{bmatrix} \kappa G & 0 \\ 0 & \kappa G \end{bmatrix} \tag{3-100}$$

把式（3-95）代入式（3-99），得到应力与节点位移之间的关系为

$$\boldsymbol{\sigma} = \begin{bmatrix} \boldsymbol{D}_{\mathrm{b}} & \boldsymbol{0} \\ \boldsymbol{0} & \boldsymbol{D}_{\mathrm{s}} \end{bmatrix} \begin{bmatrix} z\boldsymbol{B}_{\mathrm{b}} \\ \boldsymbol{B}_{\mathrm{s}} \end{bmatrix} \delta^e \tag{3-101}$$

根据单元的应变能泛函可以得到单元刚度矩阵为

$$\begin{aligned} \boldsymbol{K}^e &= \int_{-h/2}^{h/2} \iint_{\Omega} [z\boldsymbol{B}_{\mathrm{b}}^{\mathrm{T}} \quad \boldsymbol{B}_{\mathrm{s}}^{\mathrm{T}}] \begin{bmatrix} \boldsymbol{D}_{\mathrm{b}} & \boldsymbol{0} \\ \boldsymbol{0} & \boldsymbol{D}_{\mathrm{s}} \end{bmatrix} \begin{bmatrix} z\boldsymbol{B}_{\mathrm{b}} \\ \boldsymbol{B}_{\mathrm{s}} \end{bmatrix} \mathrm{d}x\mathrm{d}y\mathrm{d}z \\ &= \frac{h^3}{12} \iint_{\Omega} \boldsymbol{B}_{\mathrm{b}}^{\mathrm{T}} \boldsymbol{D}_{\mathrm{b}} \boldsymbol{B}_{\mathrm{b}} \mathrm{d}x\mathrm{d}y + h \iint_{\Omega} \boldsymbol{B}_{\mathrm{s}}^{\mathrm{T}} \boldsymbol{D}_{\mathrm{s}} \boldsymbol{B}_{\mathrm{s}} \mathrm{d}x\mathrm{d}y \end{aligned} \tag{3-102}$$

利用高斯积分方法可以计算式（3-102）的积分。由于 $\boldsymbol{B}_{\mathrm{b}}$ 和 $\boldsymbol{B}_{\mathrm{s}}$ 中包含的是二次函数，根据高斯积分方法的精度特点，采用 3×3 积分法则可以得到刚度矩阵的精确结果。这种积分点的选择方法对于厚板是合适的，但不适合于薄板，主要是因为对于薄板，选用的单元容许位

移函数引入了虚假剪应变，致使薄板刚度提高。但通过减缩积分方法可以使上述厚板单元适用于各种厚度的板，具体做法是：式（3-102）中第 1 个积分仍然用 3×3 积分，第 2 个积分用 2×2 积分，或者两个积分都用 2×2 积分[7,8]。

用减缩积分方法之所以能得到精度较高的结果，有两个主要因素：单元精度通常主要取决于单元容许位移函数中完备的阶次，而不取决于最高阶次，不完备的高次项通常不能起到提高精度的作用；但是减缩积分方法可以消除这些非完备高次项的影响。基于变分原理的结构离散刚度是偏硬的，减缩积分可以降低其刚度，这类似于非协调项的作用。

值得注意的是，在利用减缩积分方法时要避免零能模式的出现。所谓零能模式是指不同于刚体运动并且对应的应变能为零的模式。零能模式的出现可能会中断正在进行的静力分析工作，或使结果变得不可靠，如多余的模态等。

3. 等效节点力

设在单元上作用有分布载荷 p，则在节点 i 上的等效节点力为

$$f_{zi} = \iint\limits_{\Omega} N_i p \mathrm{d}x\mathrm{d}y = \int_{-1}^{1}\int_{-1}^{1} N_i p |\boldsymbol{J}| \mathrm{d}\xi\mathrm{d}\eta \tag{3-103}$$

由于转角位移和挠度独立插值，因此横向载荷只产生挠度方向的等效节点力，而不产生转角方向的弯矩节点力。内力矩和内部剪力的计算公式分别为

$$[M_x \quad M_y \quad M_{xy}]^{\mathrm{T}} = \frac{h^3}{12}\sum_{i=1}^{8} \boldsymbol{D}_{\mathrm{b}}\boldsymbol{B}_{\mathrm{b}i}\boldsymbol{\delta}_i \tag{3-104}$$

$$[Q_x \quad Q_y]^{\mathrm{T}} = h\sum_{i=1}^{8} \boldsymbol{D}_{\mathrm{s}}\boldsymbol{B}_{\mathrm{s}i}\boldsymbol{\delta}_i \tag{3-105}$$

第4章　有限元软件 ANSYS 简介

ANSYS 软件是美国 ANSYS 公司研制的大型通用有限元分析软件。在核工业、铁道、石油化工、航空航天、机械制造、能源、汽车交通、国防军工、电子、土木工程、造船、生物医学、轻工、地矿、水利、日用家电等领域有着广泛的应用。ANSYS 是第一个通过 ISO9001 质量认证的分析设计类软件，多年来，在有限元分析软件排名中一直名列前茅。

4.1　ANSYS 的分析类型

ANSYS 软件的主要功能模块：

● ANSYS Mechanical——结构和热分析工具，包括完整的线性和非线性单元，材料范围从金属到橡胶，具有非常全面的求解能力。

● ANSYS Structural——提供所有 ANSYS 非线性结构功能以及线性功能。

● ANSYS Multiphisical——最广泛的物理场耦合分析工具，将结构、热、流体、声学和电磁仿真功能组合为单一的软件产品。

● ANSYS Professional——用于结构/热分析项目的便宜、容易使用的程序。

● ANSYS DesignSpace——可在桌面上将想法概念化、进行设计和认证。

● ANSYS LS-DYNA——将 LS-DYNA 显式动力求解技术与 ANSYS 软件强有力的前/后处理融合在一起，可以分析如碰撞试验、金属成形、冲压成形和突发性失效等非线性现象。

● ANSYS Emag——用于低频电磁学分析。

● ANSYS Workbench——CAE 客户化及协同分析环境开发平台，其独特的产品构架和众多支撑性产品模块为产品整机、多场耦合分析提供了非常优秀的系统级解决方案。

本书主要关注的是结构分析，ANSYS 各模块中广泛用于结构分析的是 Mechanical APDL 和 Workbench。Mechanical APDL 结构分析功能包括结构静力、动力、稳定性及非线性分析。结构静力分析用来求解外载荷引起的位移、应力和支反力。静力分析很适合求解惯性和阻尼对结构的影响并不显著的问题。ANSYS 程序中的静力分析不仅可以进行线性分析，而且也可以进行非线性分析，如塑性、蠕变、膨胀、大变形、大应变及接触分析。结构动力学分析用来求解随时间变化的载荷对结构或部件的影响。与静力分析不同，动力分析要考虑随时间变化的载荷及其对阻尼和惯性的影响。ANSYS 可以进行的结构动力学分析类型包括：模态分析、瞬态动力学分析、谐响应分析及谱分析。ANSYS 程序可以求解静态和瞬态非线性问题，包括材料非线性、几何非线性和状态变化（包括接触）。Workbench 主要包含 3 个模块：几何建模模块（Design Modeler）、有限元分析模块（Design Simulation）和优化设计模块（Design Xplorer），将设计、仿真、优化集成于一体，可便于设计人员随时进入不同功能模块之间进行双向参数互动调用，使与仿真相关的人、部门、技术及数据在统一环境中协同工作。

Mechanical APDL 和 Workbench 的区别：

● Mechanical APDL 是 ANSYS 的经典界面，通常所说的 ANSYS 指的就是这个经典界面。Workbench 是一个 CAE 开发平台，便于与 CAE 软件进行相互交流。

● Workbench 的界面操作系统更加友好和人性化，建模与网格划分比经典版方便，更适合工程设计人员，而 Mechanical APDL 适合专业 FEA 人员。

● Workbench 中网格划分只能是自由划分。

● 从功能上来说，两者都能独立地完成有限元分析，但由于软件定位不同，Mechanical APDL 更像是一个求解器，功能强大；Workbench 则更注重于不同软件之间的相互沟通，在有限元分析这一块的功能不及前者。两者的计算结果有小的差别，Workbench 和经典版默认的算法是不同的，Workbench 默认的 PCG 算法，而 Mechanical APDL 是消元法。

4.2 ANSYS 的用户界面

启动 ANSYS 后会出现 7 个窗口，提供了用户与软件之间的交流平台，凭借这 7 个窗口可以输入命令、检查模型的建立、观察分析结果及图形输出与打印。整个窗口系统称为 GUI（Graphical User Interface），即图形化用户界面，如图 4-1 所示，7 个窗口（输出窗口为单独的窗口）分别为：应用菜单（Utility Menu），主菜单（Main Menu），工具栏（Toolbar），输入窗口（Input Window），图形窗口（Graphic Window），信息窗口，输出窗口（Output Window）。

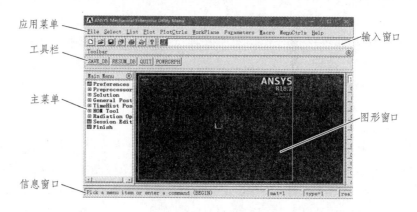

图 4-1 ANSYS 的图形化用户界面

4.3 ANSYS 的操作模式

（1）交互模式（Interactive Mode）：即 GUI 方式。交互模式操作简便、直观，适合初学者使用。

（2）批处理模式（Batch Mode）：即命令流方式。命令输入方式方便快捷、工作效率高，但要求用户非常熟悉 ANSYS 命令的使用。可将分析问题的命令生成文件，利用其批处理模式进行分析。

4.4　ANSYS 的文件类型

ANSYS 中几种重要的文件类型及其扩展名如表 4-1 所示。

表 4-1　ANSYS 的文件类型

文件类型	文件扩展名	文件格式
日志文件	.log	文本
错误文件	.err	文本
数据库文件	.db，.dbb	二进制
结构分析结果文件	.rst	二进制
图形文件	.grph	文本

ANSYS 的数据库（database）是指在前处理、求解及后处理过程中，ANSYS 保存在内存中的数据。数据库既存储输入的数据，也存储结果数据。输入的初始数据包括模型的几何尺寸、材料属性、载荷及边界条件等。计算结果数据包括位移、应力、应变、内力和温度等。

数据库文件为二进制格式，在 ANSYS 中被保存为.db 文件。dbb 是 database backup 的缩写，dbb 文件是用户在存储 db 文件时 ANSYS 自动生成的当前 database 的备份文件。例如存在文件 file.db，当进行保存操作时，ANSYS 先把原来的 file.db 另命名为 file.dbb 后，新生成一个 file.db。简而言之，dbb 文件是保存操作前（即上一次保存）的数据库文件，db 文件是保存操作后的数据库文件。

保存操作是将内存中的数据拷贝到 db 文件中，可通过 GUI 操作 Toolbar > SAVE_DB 进行保存；从 dbb 文件中恢复数据库，用 RESUME 操作，通过 GUI 操作：Toolbar > RESUME_DB 进行；清除数据库是对数据库清零并重新开始，相当于退出并重新启动 ANSYS，通过 GUI 操作：Utility Menu > File > Clear & Start New 进行。

由于 ANSYS 不能自动保存，因此需要定期保存数据库，尤其在进行一个不熟悉的操作（如布尔操作或剖分网格）或一个将导致较大改变的操作（如删除操作）前，应保存数据库，如果不满意此次操作的结果，可以 Resume 然后重做；此外，在求解之前应保存数据库。

ANSYS 日志文件（jobname.log）记录 ANSYS 所有命令输入历程，在 ANSYS 启动时就已经打开，无论操作过程是 GUI 方式还是命令流方式，错误和正确命令都以追加的形式被记录下来。日志文件可以在 ANSYS 中读取、查看和编辑，也可以利用文本编辑软件进行编辑，删除不必要的命令，修正错误的命令，然后保存以便日后参考或重新分析。日志文件（.log）为文本格式。可以通过命令（LGWRITE）或 GUI 方式保存日志文件。

GUI：Utility Menu > File > Write DB Log File，可以选择 write non-essential cmds as comments 选项（默认），将数据库文件中的不重要命令（如图形显示、数据列表）和基本操作命令（如建模、网格划分、求解等）都写到指定文件中，而选择 write essential commands only 选项，则表示只将基本操作命令保存到指定文件中。日志文件（.log）可由 ANSYS 自动读入并执行，这种命令方式在进行某些重复性较高的工作时，能有效地提高工作速度。

.db 及 .log 文件是使用最多的文件形式。通常,有限元分析过程中存盘时都自动存储为.db文件。

4.5 ANSYS 的坐标系

ANSYS 程序提供了多种坐标系供用户选取,包括以下 7 种:总体坐标系、局部坐标系、工作平面坐标系、节点坐标系、单元坐标系、结果坐标系、显示坐标系。

1. 总体坐标系(Global CS)

总体坐标系是一个固定不变的坐标系,也称为绝对坐标系。ANSYS 程序提供了三种总体坐标系(图 4-2):笛卡尔坐标系(CS,0)、柱坐标系(CS,1 及 CS,5)和球坐标系(CS,2)。它们有共同的原点,并通过坐标系号来识别。

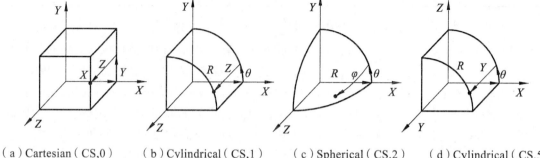

(a) Cartesian(CS,0)　　(b) Cylindrical(CS,1)　　(c) Spherical(CS,2)　　(d) Cylindrical(CS,5)
(X, Y, Z components)　(R, θ, Z components)　(R, θ, φ components)　(R, θ, Y components)

图 4-2　三种总体坐标系

2. 局部坐标系(Local CS)

局部坐标系是用户根据建模需要而定义的坐标系,可以是笛卡尔、柱、球坐标系,其原点和方位可以不同于总体坐标系。应给局部坐标系分配一个坐标系号(≥11),可以在 ANSYS 进程中的任何阶段建立或删除局部坐标系。用户可以定义任意多个局部坐标系,但某一时刻只能有一个局部坐标系被激活。首先自动激活的是总体笛卡尔坐标系,每当用户定义一个新的局部坐标系,这个新的坐标系就会自动被激活。

局部坐标系可以通过命令(LOCAL)或 GUI 方式(Utility Menu > WorkPlane > Local Coordinate Systems > Create Local CS)创建。

在定义节点或关键点时,不管哪个坐标系是激活的,程序都将坐标显示为 X、Y、Z,如果激活的不是笛卡尔坐标系,应将 X、Y、Z 理解为柱坐标中的 R、θ、Z 或球及环坐标系中的 R、θ、φ。如柱坐标系被激活,则输入的 X、Y、Z 值分别对应柱坐标中的 R、θ、Z 值。

3. 工作平面坐标系(Working Plane CS)

工作平面坐标系是创建几何模型的参考平面(X, Y),默认情况下,工作平面坐标系与总体坐标系相重合。为方便对模型进行平移、旋转或镜像等操作,可以改变工作平面坐标系的位置和方向。

工作平面是由原点、二维坐标系、捕捉增量和显示栅格组成的无限平面。在同一时刻只能定义一个工作平面，在定义新工作平面的同时将删除旧的工作平面。工作平面与其他坐标系间是相互独立的，可以有不同的原点和旋转方向。

4. 节点坐标系（Nodal CS）

节点坐标系的作用和使用场合为：① 定义节点自由度的方向：节点输入数据（如约束自由度、载荷等）是以节点坐标系方向来表达的；② 定义节点结果数据的方向：时间历程后处理器（POST26）中节点结果数据（如自由度解、节点力等）也是以节点坐标系方向来表达的。

每个节点都有一个附着的坐标系，缺省情况下，节点坐标系总是平行于总体笛卡尔坐标系。可采用多种方法旋转任意节点的坐标系，以便于施加所需方向的节点位移及载荷，例如模拟一个斜的滚动支座、施加径向力或施加径向约束等。

旋转节点坐标系步骤：在圆的中心创建一个局部柱坐标系（CS，11），选择圆上的节点，将节点坐标系旋转到该柱坐标下（Main Menu > Preprocessor > Move/Modify > Rotate Nodal CS to active CS），则节点坐标系的 X 方向指向径向，Y 方向是周向，见图 4-3（b），在该节点上施加的 X 向载荷即径向载荷，Y 向载荷即周向载荷。

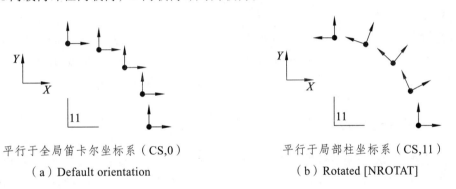

平行于全局笛卡尔坐标系（CS,0）　　　　　平行于局部柱坐标系（CS,11）

（a）Default orientation　　　　　　　　（b）Rotated [NROTAT]

图 4-3　节点坐标系的旋转

节点坐标系可以通过菜单路径 Utility Menu > Pltctrls > Symbols > Nodal CS 显示。还可以通过给定旋转角（By Angles）、按方向余弦（By Vectors）等旋转节点坐标系。菜单路径（Utility Menu > List > Picked Entities > Nodes）可列出节点坐标系相对总体笛卡尔坐标旋转的角度。

5. 单元坐标系（Element CS）

每个单元都有自己的坐标系，单元坐标系用于确定材料属性的方向（例如复合材料的铺层方向），所施加面力的方向和单元结果数据（如应力和应变）的输出方向。所有的单元坐标系都是正交右手系。各类单元坐标系方向的确定见 ANSYS 帮助文件。大多数单元坐标系的缺省方向遵循以下规则：

（1）线单元（如 Link180）的 x 轴通常由单元的 I 节点指向 J 节点；

（2）壳单元（如 Shell181）的 x 轴通常取 I 节点到 J 节点的方向，z 轴过中心且与壳面垂直，其正向由单元的 I、J 和 K 节点按右手规则确定，y 轴总垂直于 x、z 轴；

（3）二维和三维实体单元（如 Plane182，Solid185）的单元坐标系总平行于整体直角坐标系。

6. 显示坐标系（Display CS）

显示坐标系对列表圆柱和球节点坐标非常有用（例如径向、周向坐标）。在缺省情况下，即使是在其他坐标系中定义的节点和关键点，其列表都显示它们的总体笛卡尔坐标。改变显示坐标系会影响图形显示，显示坐标系若为柱坐标系，圆弧将显示为直线，这可能引起混乱。除非用户有特殊的需要，在以非笛卡尔坐标系列表节点坐标之后应将显示坐标系恢复到总体笛卡尔坐标系。

7. 结果坐标系（The Results CS）

ANSYS 计算的结果数据有位移、应力、应变和节点力，这些数据在向数据库（*.db）和结果文件（*.rst）存储时，有的是按节点坐标系，有的是按单元坐标系。但是，结果数据通常需要切换到激活的结果坐标系中进行显示、列表和单元表数据存储。

通用后处理器（POST1）中的结果是按结果坐标系进行表达的。结果坐标系缺省平行于总体笛卡尔坐标系。即缺省情况下，位移、应力和支反力按照总体笛卡尔坐标系表达。

无论节点和单元坐标系最初如何设定，在 POST1 中要显示径向和环向应力，结果坐标系必须旋转到适当的坐标系下。可以通过菜单路径 Main Menu > General Postproc > Options for output 实现。

在圆周对称结构中，如圆环结构承受圆周均布压力，要得到周向及径向位移，可在后处理/POST1 中，通过菜单 General Postproc > Options for Outp > Rsys > Global cylindric 将结果坐标系转为柱坐标系，则 X 方向位移即为径向位移，Y 向位移即为周向位移。

4.6　ANSYS 的单位制

除电磁分析以外，不必为 ANSYS 设置单位系统。ANSYS 不规定也不检查用户所使用的物理量的单位，而是由用户自己确定所使用的单位，只要在一个问题中各物理量的单位统一、协调就可以。ANSYS 不进行单位转换，它简单地接受用户输入的所有数据，而不管数据的单位是否一致以及数据是否有效。

当几何模型长度单位分别按 mm 及 m 时，输入的材料特性单位及输出的计算结果各参量单位对应关系如表 4-2 所示。

表 4-2　单位制示例

单位制示例	几何模型单位			输入材料特性单位		计算结果各参量单位			
	长度	力	集中质量	弹性模量	材料密度	位移	支反力	应力	频率
1	mm	N	kg	N/mm^2	kg/mm^3	mm	N	N/mm^2	$\sqrt{1000}$ Hz
2	m	N	kg	N/m^2	kg/m^3	m	N	N/m^2	Hz

第5章　典型的 ANSYS 分析过程

ANSYS 软件主要包括三个部分：前处理模块（创建有限元模型）、分析计算模块（施加载荷进行求解）和后处理模块（查看分析结果），分别对应 ANSYS 主菜单上的 Preprocessor、Solution 和 Postrocossor（包括 General Postproc 和 TimeHist Postproc），如图 5-1 所示。

图 5-1　ANSYS 的三个模块

5.1　创建有限元模型

前处理模块（Preprocessor）功能为选择单元类型、定义实常数、定义材料属性、定义截面特性、创建实体模型和进行网格划分，ANSYS 主菜单中前处理模块的展开如图 5-2 所示。

图 5-2　前处理模块主要功能

1. 选择单元类型

ANSYS 的单元库中有 100 多种单元类型，每一个单元类型有一个特定的编号和一个标识单元级别的前缀，如 BEAM4、PLANE182、SHELL63 等，可以对各种物理场（结构、热、电、流体、声等）进行分析。结构分析中的常用单元类型见表 5-1。

　　单元类型的选择，与要解决的问题本身密切相关。根据对象的几何特点，可以选择二维实体、三维实体、梁、杆、板壳单元等。二维、三维实体单元可能采取不同形状，每种形状的单元可以采用不同的阶次。如二维平面问题单元形状可分三角形和四边形，阶次可分线性、二次和三次等。形状选择与结构构形有关。三角形比较适合不规则形状，而四边形则比较适合规则形状。单元阶次的选择与求解域内应力变化的特点有关，应力梯度大的区域，单元阶次应较高，否则即使网格很密也难达到理想的结果。

表 5-1　ANSYS 结构分析中常用的单元类型

类别	形状和特性	单元类型
杆	普通（spar）	（LINK8）
	双线性（bilinear）	（LINK10），LINK180
梁	普通（elastic）	（BEAM4）
	考虑剪切变形	BEAM188（线性单元），BEAM189（二次单元）
管	普通	（PIPE16，PIPE18）
	塑性	PIPE288，PIPE289，ELBOW290
2D 实体	四节点	（PLANE42），PLANE182
	八节点	（PLANE82），PLANE183
	谐单元（axi-har）	PLANE83，PLANE25
3D 实体	块	（SOLID45），SOLID185；（SOLID95），SOLID186
	四面体	（SOLID92），SOLID187
	各向异性	SOLID65
壳	四节点壳（或层）	（SHELL63），SHELL181
	八节点壳（或层）	（SHELL93），SHELL281
	膜单元	SHELL41
	轴对称谐单元	SHELL61
	轴对称	SHELL208，SHELL209
专用单元	弹簧	COMBIN14
	质量	MASS21
接触单元	目标面	TARGE169，TARGE170
	接触面	CONTA171，CONTA172，CONTA173，CONTA174
	点-面，线-线	CONTA175，CONTA176
	线-面，点-点	CONTA177，CONTA178

　　注：在 ANSYS 高版本中，括号内单元已被括号外单元所替代，但仍可通过命令方式使用。

　　此外，不同的材料行为（如弹性、塑性、超弹性等）和不同的结构行为（体积变形、弯曲）也需要选择不同的单元。ANSYS 帮助文件对每一种单元的定义、特点、适用范围、输入、输出等做了详细说明。用户应结合自己的问题，对照帮助文档中的单元描述来选择恰当的单元类型。

2. 实常数

实常数是为了补充某种单元在形式上无法表现，但在计算中又很重要的几何量。如板壳（SHELL）单元的厚度、杆（LINK）单元的截面面积、BEAM4 单元的截面面积、截面惯性矩及截面高度等。

定义实常数前首先要选定单元类型，不同的单元类型需要不同的实常数，并非所有的单元类型都需要定义实常数。

3. 材料属性

材料属性是与几何模型无关的本构关系，如弹性模量、泊松比、材料密度等参数。虽然材料属性并不与单元类型联系在一起，但在计算单元矩阵时，绝大多数单元类型需要定义材料属性。根据应用不同，材料属性分为：线性或非线性；各向同性、正交异性或非弹性；不随温度变化或随温度变化等。在 ANSYS 中，每一种材料属性有一个用户定义的材料参考号。

4. 实体建模

ANSYS 生成有限元模型的方法包括两种：实体建模方法和直接生成方法。实体建模方法是先建立几何模型，然后根据用户定义的单元尺寸及形状，由 ANSYS 程序进行网格划分自动生成有限元模型的节点（Nodes）和单元（Elements）。直接生成有限元模型的方法是直接创建节点并由节点生成单元，需要定义每个节点的位置和单元的连接关系，对于复杂及大模型易出错。随着计算机性能的提高，分析模型的复杂性和规模都越来越大，而直接生成法也因其自身的局限性逐渐地被淘汰。实体建模方法比直接生成方法更加有效和通用，是建立有限元模型的首选方法。

ANSYS 实体模型包括四种图元：关键点、线、面、体（Keypoints、Lines、Areas、Volumes）。ANSYS 程序提供了两种实体建模方法：自顶向下与自底向上。

① 自顶向下：即先创建高级图元，如 Volumes，ANSYS 程序则自动生成从属于该图元的相关低级图元（即 Areas、Lines、Keypoints）。

② 自底向上：进行实体建模时，用户从最低级的图元向上构造模型，如首先定义 Keypoints，再利用这些关键点定义较高级的实体图元（即 Lines、Areas、Volumes）。

用户可以根据需要自由地组合自底向上和自顶向下的建模技术。

ANSYS 程序提供了完整的布尔运算（Booleans），如交运算（Intersect）、加运算（Add）、减运算（Subtract）、切分运算（Divide）、粘接运算（Glue）、搭接运算（Overlap）、分割（Partition）运算。通过布尔运算可直接用较高级的图元生成复杂的形体，并减少相当可观的建模工作量。

（1）Intersect（交运算）。

交运算的结果是由每个初始图元的共同部分形成一个新的图元，即形成多个图元的重叠区域。

注意：这个新区域可能与原始图元有相同的维数，也可能低于原始图元的维数。例如，两条线相交部分可能是一个关键点，也可能是一条线。

（2）Add（加运算）。

加运算是将相邻或重叠的各图元进行叠加，形成包含各个原始图元所有部分的一个新图元，各个原始图元的公共边界将被清除。

（3）Subtract（减运算）。

减运算是从一个图元减去另一个图元，运算后的结果可能是一个与被减图元相同维数的图元，也可能将被减图元分成两个或多个新的图元。

（4）Divide（切分运算）。

切分运算是用一个图元把另一个图元分成两份或多份，它和减运算类似。

（5）Glue（粘接运算）。

Glue 是将相邻但不重叠的各图元粘结在一起成为连续体，图元间仍相互独立，只是在边界上连接。粘接运算与搭接运算类似，但粘接运算只针对图元之间的公共部分，且公共部分的维数低于原始图元一维。例如，面与面的粘接运算针对面和面的公共边进行，体和体的粘接运算针对体和体的公共面进行。

（6）Overlap（搭接运算）。

用于连接两个或两个以上的重叠图元，以生成三个或更多新的图元，其中原始图元的所有重叠区域将独立成为一个图元。搭接与相加操作类似，但相加操作是由几个图元生成一个图元整体，而搭接则是由几个图元生成更多的图元，相交的部分则被分离出来。注意：搭接区域必须与原始图元有相同的维数。

（7）Partition（分割运算）。

分割运算用于连接两个或多个图元，以生成三个或更多新图元。如果原始图元有重叠部分，则分割运算结果与搭接结果相同；如果原始图元相邻但不重叠，则分割运算的结果与粘接运算相同。

此外，ANSYS 程序还提供了拖拉、延伸、旋转、移动和拷贝实体模型图元的功能。附加的功能还包括圆弧构造、切线构造、通过拖拉与旋转生成面和体、线与面的自动相交运算、自动倒角生成、用于网格划分的硬点的建立、移动、拷贝和删除。

5. 网格划分

网格划分是进行数值模拟分析至关重要的一步，它直接影响着后续数值计算分析结果的精确性。网格划分涉及单元的形状及其拓扑类型、单元类型、网格生成器的选择、网格的密度、单元的编号以及几何体素。从几何表达上讲，梁和杆是相同的，从物理和数值求解上讲则是有区别的。同理，平面应力和平面应变情况涉及的单元求解方程也不相同。在有限元数值求解中，单元的等效节点力、刚度矩阵、质量矩阵等均用数值积分生成，连续体单元以及壳、板、梁单元的面内均采用高斯（Gauss）积分，而壳、板、梁单元的厚度方向采用辛普生（Simpson）积分。辛普生积分点的间隔是一定的，沿厚度分成奇数积分点。由于不同单元的刚度矩阵不同，采用数值积分的求解方式不同，因此实际应用中，一定要采用合理的单元来模拟求解。

ANSYS 进行网格划分的过程为：设置单元属性（包括单元类型、材料属性、实常数、截面等）；设置单元尺寸；生成网格。这些步骤都可以在网格划分工具 MeshTool 中完成，可以通过 GUI 操作 Main Menu > Preprocessor > Meshing > MeshTool 打开网格划分工具，其界面如图 5-3 所示。

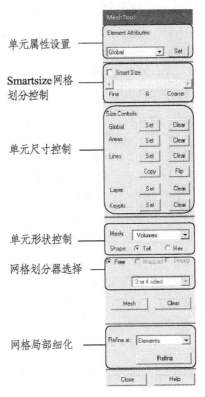

单元属性设置

Smartsize网格
划分控制

单元尺寸控制

单元形状控制

网格划分器选择

网格局部细化

图 5-3　MeshTool 界面

（1）单元属性设置。

ANSYS 中有两种方式打开单元属性设置选项卡（见图 5-4）：① Main Menu > Preprocessor > Meshing > MeshTool > Element Attributes；② Main Menu: Preprocessor > Meshing > Meshing Attributes。

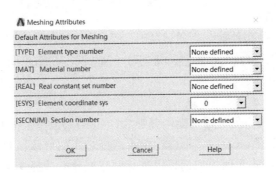

图 5-4　单元属性设置选项卡

单元属性设置一般有三种方法：

① 分网前设置当前的缺省单元属性，即 "global" 的 MAT、TYPE 和 REAL，然后对实体模型相应区域分网，依次完成所有分网。

② 分网前将单元属性预先赋予实体模型的相应部位，然后一起分网。

③ 分网后对单元属性进行修改。

如果在划分单元前没有设置单元属性，ANSYS 则自动将所有单元赋予缺省值：MAT = 1、TYPE = 1 和 REAL = 1。此时有两种方法可以修改单元属性：① 先清除网格，再设置好单元属性，重新划分网格；② 先设置当前的单元属性，再修改网格为当前单元属性，其操作流程为：（a）Preprocessor > Meshing > Meshing Attributes > Default Attribs 或者在 Meshtool 里设置缺省单元属性；（b）Preprocessor > Modeling > Move/Modify > Elements > Modify Attrib，选择 All to current，点击 OK。

（2）尺寸控制。

① 缺省单元尺寸设置，通过 Main Menu: Preprocessor > Meshing > Size Cntrls > ManualSize > Global > Other 打开缺省单元尺寸设置选项卡。缺省单元尺寸以下列量为基础：线的最小等分数和最大等分数，每个单元的最大跨角，单元最小和最大的边长。

② Smart Size 网格划分控制：Main Menu > Preprocessor > Meshing > MeshTool，勾选 Smart Size 打开智能网格，尺寸级别的范围从 1（精细）到 10（粗糙），缺省级别为 6，级别越高说明网格越粗。在进行自由网格划分时，建议采用 Smartsize 控制网格的大小。注意：打开智能网格并不影响映射网格的划分，映射网格仍然使用缺省尺寸。

③ 单元尺寸控制：MeshTool 中的 Size Controls 可以设置全局单元尺寸，面单元、线单元和点单元尺寸，其界面如图 5-5 所示。

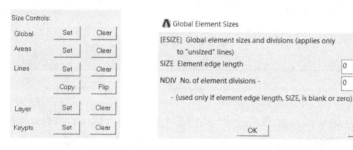

图 5-5　单元尺寸控制

（3）网格划分器的选择。

ANSYS 程序提供了使用便捷、高质量的对实体模型进行网格划分的功能，包括四种网格划分方法：自由网格划分（Free）、映射网格划分（Mapped）、扫掠网络划分（Sweep）和自适应网格划分（Adaptive）。

① 自由网格划分。

ANSYS 程序的自由网格划分器功能十分强大，可以对复杂模型直接划分，避免了用户对各个部分分别划分然后进行组装时各部分网格不匹配带来的麻烦。自由网格划分对实体模型无特殊要求，任何不规则的几何模型都可以进行网格划分。选择自由网格划分时，一般利用 ANSYS 的智能尺寸控制技术（Smart Size）自动控制网格的大小和疏密分布。程序根据给定网格精度自动划分网格。在面上生成三角形或四边形网格，在体上生成四面体网格。

自由网格划分的优点是省时省力、效率高，但对体由于其只能划分成四面体网格，使有限元模型网格数量过大而降低计算的精度和速度，因此这种方法更适合于对面进行网格划分。

② 映射网格划分。

映射网格划分是对规整模型的一种规整网格划分方法。对符合要求的规整图元采用映射划分，面可生成三角形或四边形单元，体可生成六面体单元。映射网格具有形状规则、明显成排的单元形式。

映射网格划分要求面或体形状规则。面按映射网格划分时，要求该面必须是 3 条或 4 条边；体按映射网格划分时，要求该体的外形应为块状（有 6 个面）、楔形或棱柱（5 个面）、四面体（4 个面）。对于三角形或四面体，各边单元的分段数必须是偶数；对于四边形或六面体，允许对边有不同的分段数，但是分段数必须满足一定的条件。

面有多于 4 条边，而体有多于 6 个面的情况，在进行映射划分之前可进行以下操作。

（a）分割：把面（或体）切割成小的、简单的形状（可以通过布尔减运算实现）；

（b）连接（Concatenate）：连接两条或多条线（或面）以减少总的边（面）数；

（c）角点选择：选择面上的 3 个或 4 个角点暗示一个连接。

映射网格划分的优点是生成的有限元网格形状规则，数量较少，可节省计算时间，提高计算精度；缺点是这种网格划分方法对面和体的形状要求较高。注意：当使用硬点时不支持映射网格划分。

③ 拖拉、扫掠网格划分。

拖拉网格划分可将一个二维网格延伸成一个三维网格。对于由面经过拖拉、旋转、偏移等方式生成的三维实体，可先在原始面上生成面网格（采用 MESH 200 单元或者 SHELL 单元），再在拉伸（Extrude）成体的同时自动生成三维实体网格。注意如果面单元采用的是 SHELL 单元，则需要在生成体网格后取消选中面单元将其释放；但如果面单元采用的是 MESH200 单元，则生成体网格后无须释放面单元。对于已形成的三维实体，如果在某个方向上的拓扑形式始终保持一致（即有两个对应面），可用扫掠网格划分生成六面体单元。

拖拉和扫掠形成的单元几乎都是六面体单元。通常，采用扫掠方式形成网格是一种非常好的方式，对于复杂几何实体，经过一些简单的切分处理，就可以自动形成规整的六面体网格，它比映射网格划分方式具有更大的优势和灵活性。对柱状模型，在 ANSYS 中一般考虑使用这种方法，如对于具有高度不规则横截面的三维模型，在横截面上自由划分四边形网格，然后在体内扫掠成六面体单元。在扫掠前可对四边形网格加密，确认加密后产生的单元保持四边形以保证扫掠成六面体单元。

④ 自适应网格划分（Command：ADAPT）。

ANSYS 程序提供了近似的技术以自动估计特定分析类型中因为网格划分带来的误差。通过这种误差估计，ANSYS 可以确定网格是否足够细。如果结果误差超出预期，程序将自动细化网格以减少误差。这一自动估计网格划分误差并细化网格的过程称为自适应网格划分。自适应网格划分是在生成了具有边界条件的实体模型以后，用户指示程序自动地生成有限元网格，分析、估计网格的离散误差，然后重新定义网格大小，再次分析计算、估计网格的离散误差，直至误差低于用户定义的值或达到用户定义的求解次数。

根据几何模型各部位的特点，可分别采用自由、映射、扫掠等多种网格划分方式，即混合网格划分，以形成综合效果好的有限元模型。混合网格划分方式要在计算精度、计算时间、建模工作量等方面进行综合考虑。通常，为了提高计算精度和减少计算时间，应首先考虑对适合于扫掠和映射网格划分的区域划分六面体网格，这种网格既可以是线性的（无中节点），也可以是二次的（有中节点），如果无合适的区域，应尽量通过切分等布尔运算手段来创建合适的区域（尤其是对所关心的区域或部位）；其次，对实在无法再切分而必须用四面体单元进行自由网格划分的区域，采用带中节点高阶单元进行自由分网。

网格划分是建立有限元模型的关键环节，所划分网格的方式直接影响计算精度和速度，对面模型（包括平面、曲面）一般采用自由网格划分方法，对规整模型，可采用映射网格划分方法，面柱状的模型一般考虑使用扫掠网格划分。

（4）改变网格。

如果生成的网格不好，可以改变网格，有两种方法：局部细划网格和采用新的设置重新划分网格。局部细划网格，即在某些特定的节点、单元、关键点或线周围进行局部网格细划（得到更多的单元），可在 MeshTool 里进行细划网格操作，具体步骤如图 5-6 所示。

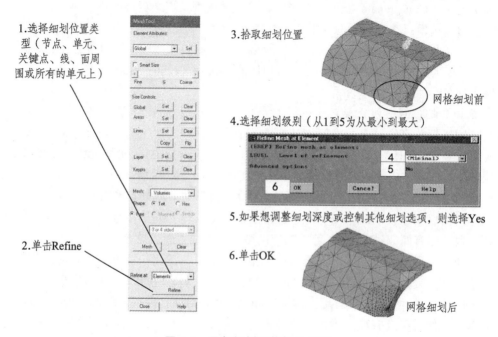

图 5-6　局部细划网格操作步骤

采用新的设置重新划分网格，可采取如下三种方法：

① 直接重新划分（Remesh）覆盖之前的网格。

② 使用网格的 Accept/reject 提示，可以放弃不想要的网格。GUI 操作为：Preprocessor > Meshing > Mesher Options，打开 Mesher Options 选项卡，并在 Accept/Reject prompt 处单击方框，将设置改为 Yes，单击 OK，则在完成网格划分后，程序会提示用户接受或者拒绝此网格。

③ 清除网格，然后再重新划分：Main Menu > Preprocessor > Meshing > Clear。

（5）网格划分的原则。

① 网格数量。

网格数量影响计算的精度和效率。一般来讲，网格数量增加，计算精度会有所提高，但同时计算规模也会增加。图 5-7 中，曲线 1 表示位移随网格数量收敛的一般曲线，曲线 2 代表计算时间随网格数量的变化。可知，网格较少时增加网格数量可以使计算精度明显提高，而计算时间不会有大的增加；当网格数量增加到一定程度后，再继续增加网格时精度提高甚微，而计算时间却有大幅度增加。

在静力分析时，如果仅仅是计算结构的变形，网格数量可以少一些。如果需要计算应力，则在精度要求相同的情况下应取相对较多的网格。

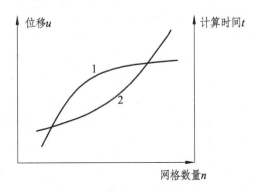

图 5-7　计算精度和计算时间随网格数量的变化

② 网格疏密。

网格划分密度很重要，如果网格过于粗糙，结果可能包含严重的错误；如果网格过于细致，将花费过多的计算时间，浪费计算机资源，而且模型可能过大导致不能在计算机上运行，为避免这类问题的出现，在生成模型前应当考虑网格密度问题。采用疏密不同的网格划分，既可以保持相当的计算精度，又可以使网格数量减少。因此，网格数量应增加到结构的关键部位，在次要部位增加网格是不必要的，也是不经济的。

在结果变化梯度较大的部位（如应力集中处），为了较好地反映数据变化规律，需要采用比较密集的网格。划分疏密不同的网格主要用于应力分析（包括静应力和动应力），而计算固有特性时则趋于采用较均匀的网格形式。这是因为固有频率和振型主要取决于结构质量分布和刚度分布，不存在类似应力集中的现象，采用均匀网格可使结构刚度矩阵和质量矩阵的元素不致相差太大，从而减小数值误差。

决定网格疏密的方法：

（a）初分网格求得结果，与实验结果或解析解比较，对结果偏差较大的地方进行网格细划，重新求解，如果两者结果近似相同，则网格足够；

（b）初分网格，进行初始分析，在危险区域利用两倍多的网格重新分析并比较两者的结果，如果显著不同，应继续细划网格直到随后的划分获得近似相等的结果。

③ 单元阶次。

选用高阶单元可提高计算精度，因为高阶单元的曲线或曲面边界能够更好地逼近真实结构，且高次插值函数可更高精度地逼近复杂场函数，所以当结构形状不规则、应力分布或变形很复杂时可以选用高阶单元。

高阶单元的节点数较多，在网格数量相同的情况下由高阶单元组成的模型规模要大得多，因此在使用时应权衡考虑计算精度和时间。

④ 网格质量。

网格质量是指网格几何形状的合理性。质量好坏将影响计算精度，质量太差的网格甚至会终止计算。直观上看，网格各边或各个内角相差不大，网格面不过分扭曲，节点位于边界等分点附近的网格质量较好。如果结构单元全部由等边三角形、正方形、正四面体、立方六面体等单元构成，则求解精度可接近实际值，但由于这种理想情况在实际工程结构中很难做到。网格质量可用细长比、锥度比、内角、翘曲量、拉伸值、边节点位置偏差等指标来衡量，这些参数均可以使用 ANSYS 单元检查功能来获得。

在重点研究的结构关键部位，应保证划分高质量网格，如果存在个别质量很差的网格也将会引起较大的局部误差。而在结构次要部位，网格质量可适当降低。当模型中存在质量很差的网格（称为畸形网格）时，计算过程将无法进行。网格分界面和分界点，结构中的一些特殊界面和特殊点应分为网格边界或节点以便定义材料特性、物理特性、载荷和位移约束条件。即应使网格形式满足边界条件特点，而不应让边界条件来适应网格。常见的特殊界面和特殊点有材料分界面、几何尺寸突变面、分布载荷分界线（点）、集中载荷作用点和位移约束作用点等。在二维分析中，应该采用四边形单元。在三维分析中，应该优先采用六面体单元。

⑤ 位移协调性。

位移协调是指单元上的力和力矩能够通过节点传递相邻单元。为保证位移协调，一个单元的节点必须同时也是相邻单元的节点，而不应是内点或边界点。相邻单元的共有节点具有相同的自由度性质。否则，单元之间须用多点约束等式或约束单元进行约束处理，也就是用 ANSYS 程序的自由度耦合和约束方程来进行约束处理。

⑥ 节点编号排布。

节点编号对于求解过程中的总体刚度矩阵的元素分布、分析耗时、内存及空间有一定的影响。合理的节点、单元编号有助于利用刚度矩阵对称、带状分布、稀疏矩阵等方法提高求解效率，同时要注意消除重复的节点和单元。

6. 耦合和约束方程

（1）耦合。

自由度耦合是指把一组节点某个方向的自由度约束在一起，使这些节点在这个方向具有相同的变形。当需要迫使两个或多个自由度取得相同（但未知）值，可以将这些自由度耦合在一起。

典型的耦合自由度应用包括：① 施加对称性条件；② 模拟接触面；③ 在两重复节点间形成销钉、铰链、万向节和滑动连接；④ 使模型的一部分表现为刚体。一个耦合设置可含有任意多个节点，但只有一个自由度卷标，如：UX、UY 或 TEMP。

（2）约束方程。

约束方程定义了节点自由度之间的线性关系。可用于：① 连接不同的网格；② 连接不相似的单元类型；③ 建立刚性区；④ 过盈装配。

一个约束方程可以包含自由度卷标的任意组合、任意节点号。任意实际的自由度方向在不同的节点上可能不同。例如：Constant = Coef1 * DOF1 + Coef2 * DOF2 +…。

（3）刚性区。

刚性区给出了约束方程的另一种应用，通过连接主要节点（master）和从属节点（slave）沿指定自由度方向建立刚性线。全刚性区和部分刚性区的约束方程都可由程序自动生成。

5.2　施加载荷进行求解

分析计算模块（Solution）可以定义分析类型、分析选项、载荷和载荷步，对有限元模型进行单元分析、系统组装、求解以及结果生成。

5.2.1　加　载

1. 载荷定义

载荷（Loads）：包括边界条件和模型内部或外部的作用力。结构分析中的载荷类型包括：位移、力、弯矩、压力、温度和重力等。ANSYS 中的载荷可分为：自由度约束（DOF constraint），集中载荷（Force），面载荷（Surface loads），体载荷（Body loads），惯性载荷（Interia loads），耦合场载荷（Coupled-field loads），特殊载荷（如轴对称载荷）等。

2. 加载方式

可在几何模型或 FEM 模型（节点和单元）上加载，加载到几何模型上的载荷将自动转化到其所属的节点或单元上，如图 5-8 所示。在几何模型上加载的优点：① 几何模型加载独立于有限元网格，重新划分网格或局部网格修改不影响载荷；② 几何模型载荷容易施加，因为只需要拾取少量图元。

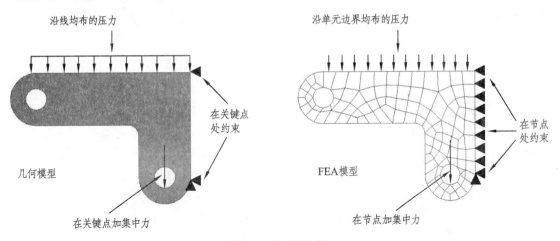

图 5-8　加载方式

（1）载荷步。

在线性静态或稳态分析中，可以使用不同的载荷步施加不同的载荷组合；在瞬态分析中，多个载荷步加到载荷历程曲线的不同区段。

（2）子步。

子步是执行求解的载荷步中的点，两个连续的子步之间的时间差称为时间步长或时间增量。

在非线性静态或稳态分析中，使用子步逐渐施加载荷以便能获得精确解；在谐响应分析中，使用子步获得谐波频率范围内多个频率处的解；在线性或非线性瞬态分析中，使用子步满足瞬态时间累积法则。

（3）阶跃载荷和斜坡载荷。

阶跃载荷和斜坡载荷的区别如图 5-9 所示。阶跃载荷：全部载荷施加于第一个载荷子步，且在其他载荷子步处，载荷保持不变。斜坡载荷：在每个载荷子步，载荷值逐渐增加，且全部载荷出现在该载荷步结束时。

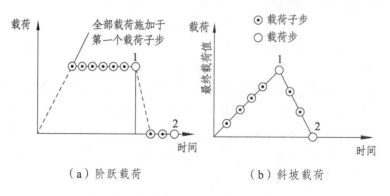

（a）阶跃载荷　　　　　　　　　　（b）斜坡载荷

图 5-9　阶跃载荷和斜坡载荷

（4）载荷步选项。

载荷步选项（Load step options）用于控制载荷应用选项如时间、子步数、时间步长及载荷阶跃或斜坡递增等。GUI 操作为：Main Menu> Solution> Load Step Opts，载荷步选项卡如图 5-10 所示。注意：如果菜单没有出现 Time/Frequenc，可以进行如下操作：Main Menu > Solution > Unabridged Menu。

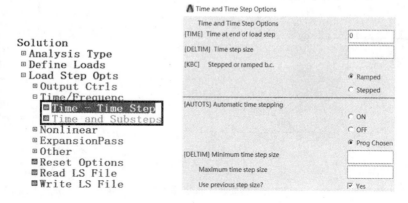

图 5-10　载荷步选项

（5）创建多载荷步文件。

所有载荷和载荷步选项一起构成一个载荷步，如果有多个载荷步，可将每个载荷步存入一个文件，（Commands：LSWRITE, GUI: Main Menu > Solution > Write LS File），调入该载荷步文件（GUI: Main Menu > Solution > Read LS File），并从文件中读取数据求解。注意：每个载荷步定义为一个文件，以 Jobname.S01，Jobname.S02，Jobname.S03 等识别。

（6）表格加载。

表格加载可以控制载荷分布（坐标、温度、时间等），主要用于瞬态和非线性稳态分析。并非所有载荷类型都可以用表格载荷，对于结构分析来说，位移、力和力矩、压力、温度载荷支持表格载荷。表格载荷的变量为主变量，变量名要和各种载荷对应的主变量名一致，以便程序识别。结构分析时的载荷类型及对应的主变量如表 5-2 所示。

表 5-2　结构分析时的载荷类型及对应的主变量

载荷类型	主变量
位移	TIME，X，Y，Z，TEMP
力和力矩	TIME，X，Y，Z，TEMP
压力	TIME，X，Y，Z，TEMP
温度	TIME，X，Y，Z

定义表格的 GUI 操作为：Utility Menu > Parameters > Array Parameters > Define/Edit，在弹出的 Array Parameters 对话框中单击 Add，弹出 Add New Array Parameter 对话框，输入表格名称，选择 Parameter Type 为 Table，输入行数、列数和主变量名，单击 OK，回到 Array Parameters 对话框，单击 Edit，弹出 Table Array 对话框，输入表格数据。定义表格的各个对话框如图 5-11 所示。

表格加载时，需要在输入载荷数据的选项卡中选 Existing table，在出现的对话框中选择已定义的矩阵名称。其他更复杂的主变量（如速度、材料等）需要用函数加载。

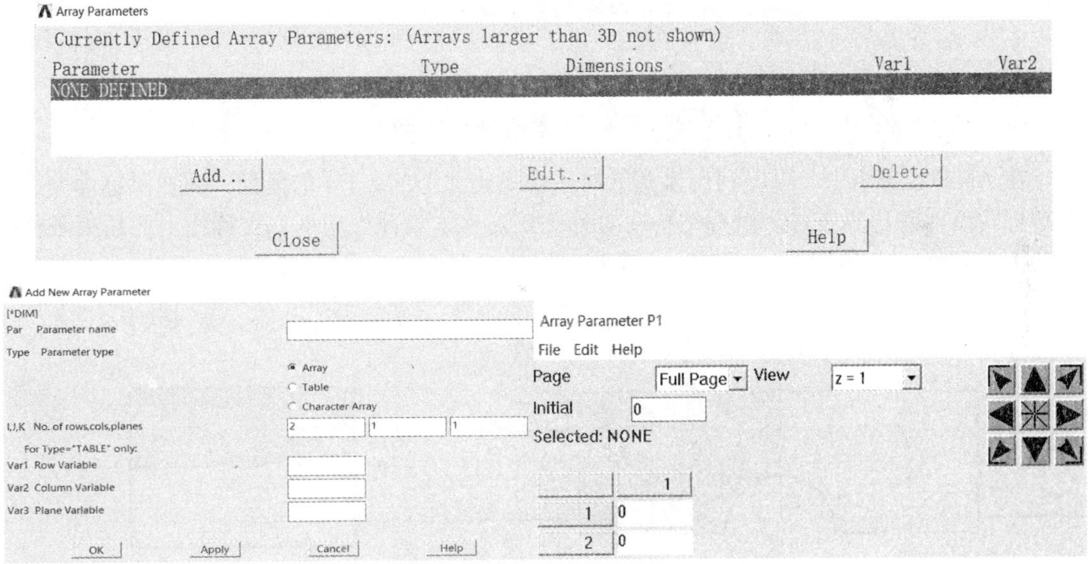

图 5-11　定义表格

（7）函数加载。

函数加载比表格载荷更高效，可以完成所有表格载荷的功能，基本变量更丰富。函数工具可以在模型上施加复杂载荷，步骤如下：

① 用函数编辑器定义函数，并保存函数：Utility Menu > Parameters > Functions > Define/Edit。

② 加载函数：Utility Menu > Parameters > Functions > Read from file。

③ 在施加载荷的选项卡中选 Existing table，在出现的对话框中选择步骤 1 定义的函数。

就方法本质而言，用函数编辑器定义的函数文件，最终还是要用函数加载器调入并定义成表格供用户使用。

3. DOF 约束

DOF 约束定义——给某个自由度（DOF）指定一已知数值（值不一定是零）。结构分析中 DOF 约束被指定为位移约束（平移、旋转或对称、反对称边界条件），标识的方向均在节点坐标系中。位移约束可施加于节点、关键点、线和面上，用来限制对象某一方向上的自由度。

例如，在关键点加载位移约束的 GUI 操作为：Main Menu> Solution > Define Loads> Apply >Structural > Displacement > On Keypoints。选择要约束的关键点后弹出如图 5-12 所示对话框，选择需要约束的自由度，Expansion option 可使相同的位移约束加在位于两关键点连线的所有节点上。注意：在定义单元类型前，位移约束的施加菜单不可见。

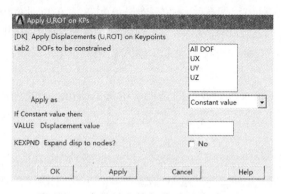

图 5-12　在关键点施加位移约束对话框

在 ANSYS 分析中，可以利用模型的对称性只建立 1/2 或 1/4 的模型，而在对称面上需指定对称或反对称边界条件。对称结构在对称（反对称）载荷作用下，对称面上的约束条件为对称（反对称）边界条件，如图 5-13 所示。

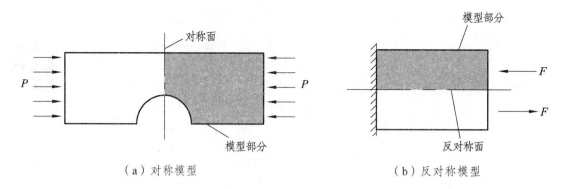

（a）对称模型　　　　　　　　　　　　　（b）反对称模型

图 5-13　对称和反对称模型

对称边界条件在结构分析中是指：不能发生对称面外（out-of-plane）的移动（translations）和对称面内（in-plane）的旋转（rotations）。例如，若对称面的法向为 X，如果在对称面上施加了对称边界条件，那么：

（1）不能发生对称面外的移动，导致节点处的 UX（法向位移）为 0。

（2）不能发生对称面内的旋转，导致 ROTZ、ROTY（绕两个切线方向的转角）也为 0。

反对称边界条件在结构分析中是指：不能发生对称面（out-of-plane）的移动（translations）和对称面外（in-plane）的旋转（rotations）。例如，若对称面的法向为 X，如果在对称面上施加了反对称边界条件，那么：

（1）不能发生对称面的移动导致节点处的 UY、UZ（切向位移）为 0。

（2）不能发生对称面外的旋转导致 ROTX（绕法线方向的转角）也为 0。

对称边界约束和反对称边界约束限制的自由度如表 5-3 所示，表中 Normal 指的是对称轴或对称面法线方向。

表 5-3　对称和反对称约束

Normal	SYMM		ASYM	
	2-D	3-D	2-D	3-D
X	UX，ROTZ	UX，ROTZ，ROTY	UY	UY，UZ，ROTX
Y	UY，ROTZ	UY，ROTZ，ROTX	UX	UX，UZ，ROTY
Z	…	UZ，ROTX，ROTY	…	UX，UY，ROTZ

4. 集中载荷

集中载荷就是作用在模型的一个点上的载荷。在结构分析中，集中载荷主要包括力和力矩，标识符为 FX、FY、FZ、MX、MY、MZ。可以对节点和关键点施加集中载荷，添加到关键点上的力将自动转化到相连的节点上。施加集中载荷的 GUI 操作为：Main Menu > Solution > Define Loads > Apply > Structural > Force/Moment。

选择 Main Menu> Solution > Define Loads > Settings > Replace vs Add > Force 命令，弹出对话框如图 5-14 所示，缺省情况下 New force values will [Replace existing]，在同一位置重新设置集中载荷，则新的设置将取代原来的设置。可以通过以下方式改变缺省设置为累加[Add to existing]或忽略[Be ignored]。

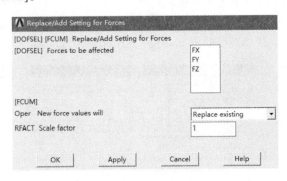

图 5-14　集中载荷设置对话框

集中载荷适合于线状模型，如梁（beam）、杆（spars）和弹簧（springs）等。在实体单元或壳单元中，集中载荷意味存在应力奇异点，如果不关心集中载荷附近节点处的应力，结果仍是可以接受的，也可以通过选择来忽略附近施加了集中载荷的单元。

关于应力奇异：应力奇异指由于几何构造或载荷导致根据弹性理论计算出来的奇异点处应力趋于无穷大。有限元解会逼近解析解，趋于无穷，由于离散化误差，有限元模型并不会产生无穷大的应力结果，然而应力奇异处的应力值是不准确的。ANSYS 中产生应力奇异的因素：点载荷，如集中力或集中力矩作用处；孤立的约束点；尖角（零倒角半径）处。应力奇异现象与模型本身有关，不能消除，在应力奇异点处网格越细化，应力值也随之增加且不收敛。对于实际结构，真实的应力值不会超过材料的屈服应力，所以在实际结构中是不会出现应力奇异的。

注意区分应力集中和应力奇异。应力集中指在某一个区域内应力梯度较大，但应力并不是无穷，如果网格稀疏，不会捕捉到梯度变化较大的应力，细化网格后总会得到一个收敛的结果，有应力集中未必是应力奇异。应力奇异的地方一定存在应力集中，应力奇异点是不能够消除的，不管网格多么精细，总会存在越来越高的应力。

在有限元分析中，必须适当地简化实体，一般很少分析包含所有细节的实体。由于计算条件限制了模型的规模，通常简化螺纹孔、倒角、安装凸台和其他一些并不重要的部分。因为简化一些无关紧要的细节能使分析求解尽可能地高效，减少占用的 RAM、硬盘空间和 CPU 时间。但是随着倒角和其他一些细节被简化，比如用一个尖角代替倒角，尖角处产生奇异，导致该处有无限大的应力集中因子，虽然奇异并不妨碍 ANSYS 在该处的应力计算，但奇异点处的应力是不准确的，只有位移值准确。根据圣维南原理，距离奇异点处足够远的地方获得的结果是可取的。因此如果对奇异点应力不关心的话，可忽略它的影响。另外，建立具有足够细节的更精确的模型并细分网格，如将集中载荷替换成等效分布载荷或使用倒角，可消除应力奇异。

5. 表面载荷

表面载荷就是作用在单元表面上的分布载荷，如压力（Pressure）。表面载荷可以添加到线或面上（实体模型）以及节点或单元上（有限元模型），可以施加均布载荷、线性变化的梯度载荷，或按照一定函数关系变化的函数载荷。施加表面载荷的 GUI 操作为：Main Menu> Solution > Define Loads> Apply >Structural > Pressure。

在线上施加 Pressure 时弹出的对话框如图 5-15 所示，在该对话框中如果只输入一个压力值即为均布载荷，输入两个数值定义坡度压力。坡度压力载荷沿起始关键点（I）线性变化到第二个关键点（J）。如果要使加载后坡度的方向相反，将两个压力数值颠倒即可，如图 5-16 所示。

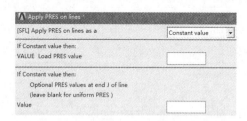

图 5-15　Apply PRES on lines 对话框

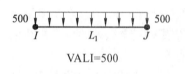
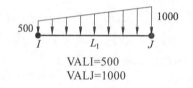
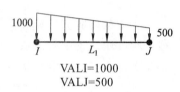

图 5-16　给线施加坡度压力示意图

线的 IJ 方向显示，可选择 Utility Menu > Plotctrl > Symbols，弹出对话框设置 Ldir = On；

对于某些 ANSYS 版本，该对话框中不出现 Ldir 选项，则使用命令/Psymb，Ldir，1。如果需要表面压力呈多箭头显示，可选择 Utility Menu > Plotctrl > Symbols，弹出对话框，设置 Show pres and convect as 选项为 Arrows。

梯度在施加按线性变化的面载荷时可以指定，其 GUI 操作为：Main Menu> Solution > Define Loads> Settings >For Surface Ld > Gradient。

6. 体载荷

体载荷是分布于整个体内或场内的载荷，如结构分析中的温度载荷，热分析中的生热率，电磁场分析中的电流密度。体载荷分布一般都很复杂，必须通过其他分析才能得到，例如通过热分析获得温度分布。

结构分析中施加温度载荷的 GUI 操作为：Main Menu> Solution > Define Loads> Apply >Structural > Temperature。

7. 惯性载荷

惯性载荷是由物体的惯性（质量矩阵）引起的载荷，例如重力加速度、角速度以及角加速度。其特点为：① 惯性载荷只有结构分析中有；② 惯性载荷是对整个结构定义的，是独立于实体模型和有限元模型的；③ 考虑惯性载荷必须定义材料密度。

施加重力载荷（重力加速度）的 GUI 操作为：Main Menu> Solution > Define Loads> Apply >Structural > Inertia > Gravity > Global。注意：方向和单位的一致性，方向应与重力方向相反；单位如果是 mm/s^2，重力加速度数值应为 9800。此外，在材料属性里要设定材料密度，由于 Gravity 施加的是全局重力加速度，只要有密度的材料都能形成重力效应，故不需要考虑重心问题。

8. 耦合场载荷

耦合场载荷是指从一种分析得到的结果用作另一种分析的载荷。例如：将磁场分析中计算得到的磁力作为结构分析中的力载荷；将热力分析中计算得到的节点温度作为结构分析中的体载荷：Main Menu > Solution > Define Loads> Apply >Structural > Temperature > From Therm Analy。

9. 特殊载荷

轴对称载荷是一种特殊载荷。对于轴对称模型，集中载荷有特殊的含义，它表示的是力或力矩在 360°范围内的合力，即输入的是整个圆周上总载荷的大小。轴对称模型计算结果输出的反作用力值也是整个圆周上的合力，即力和力矩按总载荷值输出。例如，一个半径为 r 的圆柱形壳体边缘施加有 P（N/m）的载荷，在二维轴对称壳体模型上（如 SHELL208 单元）需要施加 $2\pi rP$ 的力，如图 5-17 所示。

10. 加载应遵循的原则

（1）简化假定越少越好；

（2）使施加的载荷与结构的实际承载状态保持吻合；

（3）考虑泊松效应，即一个方向上的应力引起其他方向上的应变，造成应力场局部失真；

（4）实际上，集中载荷是不存在的，只要不关心集中载荷作用区域的应力，可以忽略应力奇异现象；

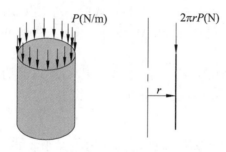

图 5-17　轴对称载荷

（5）轴对称模型具有一些独一无二的边界特性，除了对称边界外，实际上不存在真正的刚性边界；

（6）添加刚体运动约束，但不能添加过多的其他约束：二维平面应力、平面应变、梁或杆模型至少需要三个约束；轴对称模型至少需要一个（轴向）约束；三维实体或壳模型至少需要六个约束。

11. 删除载荷

删除载荷的 GUI 操作为：Main Menu > Solution > Define Loads> Delete > All Load Data / Structural；All Load Data 选项可同时删除模型中的任一类载荷；Structural 选项只删除模型选定的载荷。当删除实体模型时，ANSYS 将自动删除其上所有的载荷；两关键点的扩展位移约束载荷例外：删除两点的约束，只删除了两角点（CORNER）约束，而加载时扩展的（Inside）节点约束必须手动删除。

5.2.2　求　解

载荷施加完成后，即可进行有限元求解。通常有限元求解的结果分为：基本解和派生解。基本解是节点的自由度值，派生解是由基本解导出的单元解，单元解通常是在单元的积分点（质心）上计算的。ANSYS 程序将求解结果保存在数据库中并输出到结果文件（.RST，.RTH，.RMG文件）中。各种分析类型对应的基本解和派生解如表 5-4 所示。

表 5-4　不同分析类型对应的基本解和派生解

分析类型	基本数据	派生数据
结构分析	位移	应力、应变、反作用力等
热力分析	温度	热流量、热梯度等
磁场分析	磁势	磁通量、磁流密度等
电场分析	标量电势	电场、电流密度等
流体分析	速度、压力	压力梯度、热流量等

ANSYS 中可用的求解器可以分为三类：① 直接求解器：稀疏矩阵法，波前求解器（默认）；② 迭代求解器：PCG（条件共轭梯度）求解器，ICCG（不完全乔利斯基共轭梯度）求解器，JCG（雅可比共轭梯度）求解器；③ 并行求解器（需要特殊的授权文件）：AMG（Algebraic Multigrid 代数多网格）求解器，DDS（分布区域）求解器。各种求解器的对比如表 5-5 所示。

表 5-5　ANSYS 的不同求解器

解法	使用场合	模型大小 DOF（万个）	内存使用	硬盘使用
直接解法 FRONTAL（缺省）	要求稳定性（非线性分析）或内存受限制，求解速度慢	≤5	低	高
稀疏矩阵法 SPARSE	要求稳定性和求解速度（非线性分析）；线性分析收敛很慢时（尤其对病态矩阵，如形状不好的单元）	1~50（多用于板壳和梁模型）	中	高
条件共轭梯度法 PCG	在单场问题（如热、磁、声等）中求解速度很重要时	≥5~100	中	低
不完全乔莱斯基共轭梯度法 ICCG	在多物理场模型中求解速度很重要时，其他迭代很难收敛的模型	≥5~100	高	低
雅可比共轭梯度法 JCG	当求解速度很重要的情况（大型模型的线性分析），尤其适合实体单元的大型模型	≥5~100	高	低

在求解初始化前，应进行分析数据检查，包括以下内容：统一的单位，单元类型和选项，材料性质参数，实常数（单元特性），单元实常数和材料类型的设置，实体模型的质量特性，模型中不应存在的缝隙，壳单元的法向，节点坐标系，集中、体积载荷，面力方向等。

单步求解过程如下：

（1）求解前保存数据库；

（2）选择 Main Menu > Solution > Solve > Current LS；

（3）这时 ANSYS 会给出 Output 窗口确认求解信息的正误，将该窗口提到最前面观看求解信息，确认信息无误后，选择 OK 按钮；

（4）接下来 ANSYS 将进入求解过程，求解完成后，出现"Solution is done!"提示，选择 OK。

使用多载荷步求解法可以进行批量处理，步骤为：

（1）定义第一个载荷步；

（2）将边界条件写进文件：Main Menu > Solution > Load Step Opts > Write LS File（Jobname. S01）；

（3）为了进行第二次求解按需要改变载荷条件，将边界条件写到第二个文件（Jobname. S02）；

（4）利用载荷步文件进行求解：Main Menu > Solution > Solve > From LS Files，在 Starting LS file number 文本框中分别填入起始载荷步文件号，在 Ending LS file number 文本框中输入结束载荷步文件编号，在 File number increment（文件号增量）文本框中输入文件号之间的增量。其中文件号即写出载荷步文件时所指定的编号，对应于文件 Jobname.S0n 中的 n。

求解往往会得不到结果，其原因是求解输入的模型不完整或存在错误，典型原因有：① 约束不够（通常出现的问题）。② 材料性质参数有负值，如密度或瞬态热分析时的比热值。③ 屈曲：当应力刚化效应为负（压）时，在载荷作用下整个结构刚度弱化。如果刚度减小到零或更小时，求解存在奇异性，因为整个结构已发生屈曲。④ 当模型中有非线性单元（如缝隙 gaps、滑块 sliders、铰 hinges、索 cables 等），整体或部分结构出现崩溃或"松脱"。

5.3 查看分析结果

对模型进行有限元分析后，通常需要对求解结果进行查看、分析和操作。检查并分析求解结果的相关操作称为后处理。用 ANSYS 软件处理有限元问题时，建立有限元模型并求解后，并不能直观地显示求解结果，必须用后处理器才能显示和输出结果，结果的输出形式可以有图形显示和数据列表两种，辅助用户判定计算结果与设计方案的合理性。检查分析结果可使用两个后处理器：通用后处理模块 POST1（General Postproc）和时间历程后处理模块 POST26（TimeHist Postproc）。

通用后处理器 POST1 用来查看整个模型或者部分选定模型在某一个时刻（或频率）的结果。对分析结果能以图形、文本形式或者动画显示和输出，如各种应力场、应变场等的等值线图形显示、变形形状显示以及结果列表显示。另外还提供了很多其他功能，如误差估计、载荷工况组合、结果数据计算和路径操作等。进入通用后处理器的路径为 GUI：Main Menu > General Postproc，ANSYS 读取结果文件（*rst 文件）的方法：General Postproc > Data & File Opts。

时间历程后处理器 POST26 用于观察在整个时间或频率范围内模型中指定点处的结果，如节点位移、应力或支反力，这些结果能通过绘制曲线或列表查看，绘制一个或多个变量随频率或其他量变化的曲线，有助于形象化地表示分析结果。另外，POST26 还可以进行曲线的代数运算。

通用后处理器 POST1 具有强大的图形显示能力，所需结果存入数据库后，可以将读取的结果数据通过不同的形式用图形直观地显示出来。本节重点介绍通用后处理器。

1. 变形图

在结构分析中可用变形图观察在施加载荷后的结构变形情况，其 GUI 操作为：Main Menu > General Postprocessor > Plot Results > Deformed Shape…，显示变形的方式有三种选项：

（1）Def Shape only 项，仅显示变形后的形状。

（2）Def+undeformed 项，显示变形前后的形状。

（3）Def+underedge 项，显示变形后的形状及未变形的边界。

若选择 Def+underedge 项，可绘制如图 5-18 所示的变形图。

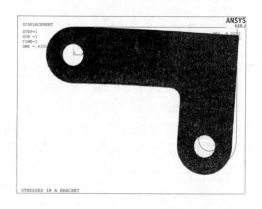

图 5-18　结构变形图

2．变形动画

以动画方式模拟结构在静力作用下的变形过程：Utility Menu: PlotCtrls > Animate > Deformed Shape…。

3．支反力列表

在任一方向，支反力总和必等于在此方向的载荷总和。节点反力列表：Main Menu > General Postprocessor > List Results > Reaction Solution。

4．等值线图

等值线图（见图 5-19）可表示结果项（如应力、变形等）在模型上的变化，它用不同的颜色表示结果的大小，具有相同数值的区域用相同的颜色表示。因此通过等值线显示，可以非常直观地描述模型某结果项的分布情况，可以快速确定模型中的"危险区域"。绘制等值线图的 GUI 操作为：Main Menu > General Postprocessor > Plot Results > Contour Plot > Nodal Solution…。

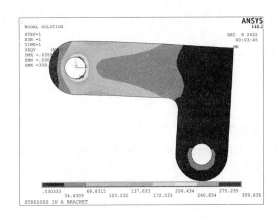

图 5-19　应力等值线图

结果图片可保存为 JPG 文件，其 GUI 操作为：Utility Menu >Plotctrls >Hard Copy >To file > 选择 JPEG 格式，或者 Utility Menu >Plotctrls >Redirect Plots >To JEPG Files。

注意：在应力等值线图中，SMN、SMX 中 S 的含义是 Solution（解），而不是 Stress（应力）；至于显示的是应力解还是位移解，要看图中第 5 行，UX 为 X 方向的位移，SX 为 X 方向的应力，SEQV 为 Von Mises Stress；第 6 行 RSYS 指的是结果坐标系；第 7 行 DMX=Maximum Displacement，指代最大位移；第 8、9 行 SMN=Minimum 指代解的最小值，SMX=Maximum Solution 指代解的最大值。

5．节点解和单元解

理解和区分节点解（Nodal Solution）和单元解（Element Solution）对于后处理十分重要。FEA 的计算结果包括基本解和派生解，节点处的位移值（DOF 结果）是基本解，是直接计算得到的初始量，单元的应力应变是由位移值通过单元计算得到的派生解。在给定节点处，可能存在不同的应力值，由与此节点相连的不同单元计算产生。节点解是节点处导出量的平均值，而单元解是非平均值。在应力等值线图中，对于节点解，在第 5 行 SEQV 后会标注（AVG），对于单元解，SEQV 后会标注（NOAVG）。

在多数情况下，画出平均应力图（Nodal Solution）；在不同的材料参数或不同厚度的壳单元交界处，应力会不连续，此时需要绘制非平均应力图（Element Solution）。注意：PowerGraphics 开启时，对材料或实常数不连续的界面不进行平均处理。

6. 关于 Power Graphics 的说明

ANSYS 中图形显示方式有两种：Power Graphics 和 Full Graphics。Power Graphics 显示单元表面节点的平均值，不与内部节点进行平均处理；Full Graphics 考虑共节点的所有单元的结果，不论节点是否在表面。一般来讲，增强图形会比全图形产生较大（或较保守）的值，这是由于表面总会产生较大的应力，增强图形没有对表面以下的单元结果进行平均。

增强图形（Power Graphics）的优点：① 显示速度快，模型显示光滑、具有相片的真实感。② 可显示二次曲面；按照实常数或截面定义信息显示真实的 3D 模型，如壳的厚度、梁的截面等。③ 对于材料类型与实常数的不连续的单元边界不进行平均处理，能够显示不连续结果分布，较为真实。④ 可以同时显示 Shell 单元的顶面和底面应力。

全图形（Full Graphics）的优点：① 显示参数少；② 显示结果总是和打印结果和结果文件一致。

采用实体单元和壳单元时候，不同的图形显示方式可能导致不同的结果，优先采用 Full Graphics；只有 Full Graphics 才是适合于任何场合的显示方式。

7. 检查网格精度

由于网格密度影响分析结果的精度，因此有必要验证网格精度是否足够。有三种方法进行网格精度检查：① 观察（Visual Inspection），画出非平均应力等值线图（Element Solu），寻找单元应力变化大的区域，这些区域应进行网格加密；② 误差估计；③ 将网格加密一倍，重新求解并比较两者结果。

8. 误差估计

结构分析误差估计仅在 POST1 中有效且仅适用于：线性静力分析，实体单元（2D 和 3D）和壳单元，全图形模式（非 Power Graphics）。误差估计只有进入后处理前关闭 Power Graphics 才能进行。平均应力（Nodal Solu）和非平均应力（Element Solu）之间的差异暗示了网格划分的好坏，是误差估计的基础。

结构静力分析，POST1 可计算如下误差估计：单元能量偏差（SERR），单元应力偏差（SDSG），能量百分比误差（SEPC），最大和最小应力范围（SMXB，SMNB）。

（1）单元能量误差（SERR）。

SERR 是邻近单元之间应力场突变程度的度量，是一个基本的误差量度，其余的误差量可由它导出。SERR 具有能量的单位。绘制 SERR 等值线的 GUI 操作为：General Postproc > Plot Results > Element Solu > Error Estimation > Strutural Error Energy。通常，最高 SERR 单元的网格需要细化。应力奇异点一般具有较高的 SERR。

（2）单元应力偏差（SDSG）。

SDSG 是单元上全部节点的 6 个应力分量值与节点的平均应力值之差的最大值，是对单元应力与节点平均应力不一致程度的量化。绘制 SDSG 等值线的 GUI 操作为：General Postproc > Plot Results > Element Solu Error Estimation > Absolute Maximum Stress Variation。SDSG 的值较

大并不一定意味着模型有误，尤其该处应力为结构中名义应力的一个小百分比时。

（3）能量百分比误差（SEPC）。

SEPC 是表征由于网格离散导致的相对误差。SEPC 在变形图的图例中显示，也可以列表显示：General Postproc > List Results > Percent Error。SEPC 和 SERR 本质上都是对离散误差的估计。SEPC 是从总体进行考虑，SEER 可以图形显示，在 SEER 过大的单元处需对网格进行局部细化。一般情况下，SEPC 应在 10%以下。若有奇异载荷或应力集中，SEPC 有时会达到 50%或以上。

（4）应力范围（SMXB 和 SMNB）。

应力范围能够帮助确定网格离散化误差在最大应力上的潜在影响，在应力云图的图例中以 SMXB（上限）和 SMNB（下限）显示。应力上下限并非实际最大和最小应力的估计，只提供应力的置信区间，若得到区域外的应力需根据实际情况对网格进行细化。

9. 查询拾取

查询拾取可以直接在模型上读取任意拾取位置的应力、位移或其他的结果量，可以很快地为查询量的最大值和最小值定位。查询拾取只能通过 GUI 方式操作（无命令）：General Postproc > Query Results > Nodal or Element or Subgrid Solu（子网格解）…。

10. 路径操作

路径图是显示某个变量（例如位移、应力、温度等）沿模型上指定路径的变化图。沿路径还可以进行各种数学运算（包括积分和微分），得到一些非常有用的计算结果。但是仅能在包含实体单元（二维或三维）或板壳单元的模型中定义路径，对仅包含一维单元的模型，路径功能不可用。

以图形方式观察结果沿路径的变化或者沿路径进行数学运算需要遵从以下步骤：

（1）定义一个路径（路径属性和路径点）；

（2）将数据映射到路径上；

（3）显示结果。一旦把结果影射到路径上，可用图像显示或列表显示方式观察结果沿定义的路径变化情况，也可以执行算术运算。

要查看某项结果沿路径的变化情况，首先要定义路径（Path）。ANSYS 提供了 3 种定义路径的方法：通过节点定义路径、在工作平面上定义路径和通过路径定义点来定义路径。通过节点定义路径的 GUI 操作步骤为：Main Menu > General Postproc > Path Operations > Define Path > By Nodes 命令，弹出节点选择对话框，选择足够多的节点以形成期望的路径；节点选择完毕后单击 OK 按钮，弹出如图 5-20 所示的对话框，在 Define Path Name 文本框中输入路径名；在 Number of datasets（数据项的个数）文本框中输入可以映射到所定义的路径上的结果项数目的最大值，此项最小值 4，默认值为 30；Number of divisions（分割个数）缺省值为 20。显示路径的 GUI 操作：General Postproc > Path Operations > Plot Paths。

图 5-20　节点定义路径对话框

将数据映射到路径上：General Postproc > Path Operations > Map onto Path；选定需要的量，如 SX；为选定的量添加一个用于绘图和列表的标签。

显示结果：General Postproc > Path Operations > Plot Parth Item > On Graph（采用曲线图绘出路径上的量）or On Geometry（沿路径的几何形状）。

11. 载荷工况组合

对于多载荷步问题，每一载荷步的结果将以独立的序列存放在结果文件中（由载荷步号识别），这些序列被称为载荷工况（Load Case）；载荷工况组合是两个结果序列之间的操作，即数据库中的一个载荷工况和结果文件中的第二个载荷工况。

载荷工况组合的步骤：

（1）建立载荷工况：General Postproc > Load Case > Create Load Case。

（2）将某一载荷工况读入数据库（内存）：General Postproc > Load Case > Read Load Case。

（3）组合载荷工况：General Postproc > Load Case > Add，Subtract 等，注意操作的结果存放在数据库（内存）中，组合后的载荷工况在绘图和列表时由序号 9999 识别。

12. 结果查阅器

结果查阅器是一个专门的后处理菜单和图解系统，可用于大模型或多时间步的快速绘图，容易利用菜单系统快速查阅结果。在通用后处理器中打开结果查阅器：General Postproc >Results Viewer。

第 6 章

二维实体结构有限元分析

实际工程结构都存在于三维空间中，但有时可以将其简化成二维问题进行求解，并能在保证计算精度的条件下，降低计算成本。所谓"简化成二维问题"是指在处理过程中（包括前处理、求解、后处理）只用到二维坐标系统（在 ANSYS 中，以 X-Y 平面来代表这个坐标平面）。二维结构问题可以归纳成 3 种情况：平面应力问题、平面应变问题及轴对称问题。

6.1 二维结构问题

1. 平面应力问题

平面应力问题是指所有应力都发生在同一平面内（X-Y 平面），Z 方向没有任何应力分量，即

$$\sigma_z = \tau_{xz} = \tau_{yz} = 0 \tag{6-1}$$

对平面应力问题，其本构方程为

$$\begin{cases} \varepsilon_x = \dfrac{1}{E}(\sigma_x - \mu\sigma_y), & \gamma_{yz} = 0 \\[2mm] \varepsilon_y = \dfrac{1}{E}(\sigma_y - \mu\sigma_x), & \gamma_{xz} = 0 \\[2mm] \varepsilon_z = -\dfrac{\mu}{E}(\sigma_x + \sigma_y), & \gamma_{xy} = \tau_{xy}/G \end{cases} \tag{6-2}$$

由式（6-2）可见，Z 方向有应变，但可以由 X 及 Y 方向的应力独立计算，因此视为二维问题。

工程结构简化为平面应力问题的条件是：

（1）等厚度的薄板。厚度 Z 方向的几何尺寸远远小于 X 和 Y 方向上的尺寸，Z 方向上允许具有一定厚度，但厚度 Z 方向没有任何外力及限制；

（2）所有载荷（包括约束）均作用在 XY 平面内，且沿板厚不变；

（3）运动只在 XY 平面内发生，即只有沿两个坐标轴 X、Y 方向的位移。

通常情况下，只承受面内载荷的薄板构件可以看作是平面应力问题。计算结果包括 3 个面内应力分量 σ_x、σ_y、τ_{xy}，4 个应变分量 ε_x、ε_y、ε_z、γ_{xy}。

2. 平面应变问题

平面应变问题是指所有应变都发生在同一平面内（X-Y 平面），在 Z 方向没有任何应变分量，即

$$\varepsilon_z = \gamma_{xz} = \gamma_{yz} = 0 \qquad (6\text{-}3)$$

平面应变问题的本构方程为

$$\begin{cases} \sigma_x = \dfrac{E}{(1-\mu)(1-2\mu)}[(1-\mu)\varepsilon_x + \mu\varepsilon_y], & \tau_{yz} = 0 \\[2mm] \sigma_y = \dfrac{E}{(1-\mu)(1-2\mu)}[\mu\varepsilon_x + (1-\mu)\varepsilon_y], & \tau_{xz} = 0 \\[2mm] \sigma_z = \dfrac{E}{(1-\mu)(1-2\mu)}[\mu\varepsilon_x + \mu\varepsilon_y], & \tau_{xy} = G\gamma_{xy} \end{cases} \qquad (6\text{-}4)$$

由式（6-4）可见，Z 方向有应力，但可以由 X 及 Y 方向的应变独立计算，因此视为二维问题。

工程结构简化为平面应变问题的条件是：

（1）等截面的柱形体。横截面大小和形状沿柱轴线方向不变，轴线 Z 方向上的几何尺寸远远大于 X 和 Y 方向上的尺寸；

（2）所有载荷（包括约束）均作用在横截面（XY 平面）内，且沿轴向不变；

（3）运动只在 XY 平面内发生，即只有沿两个坐标轴 X、Y 方向的位移。

如压力管道、隧道、水坝等可视为平面应变问题。理论上该类结构的长度无限长时，Z 方向的应变才会消失，但实际上，只要厚度方向没有任何变形，即可视为平面应变问题。计算结果包括 4 个应力分量 σ_x、σ_y、σ_z、τ_{xy}，和 3 个面内应变分量 ε_x、ε_y、γ_{xy}。

3. 轴对称问题

当受力体的几何形状、载荷及约束等都对某一轴形成对称关系时，称其为轴对称问题。轴对称受力体的所有响应（如应力、应变、位移等）均对称于该轴。

用 ANSYS 解决二维轴对称问题时，轴对称模型必须在总体坐标系 XY 平面的第一象限中创建，对称轴必须和整体坐标 Y 轴重合，不允许有负 X 坐标。ANSYS 会将此模型解释成以此二维断面环绕 Y 轴旋转 360° 而形成的三维模型（如管、锥体、圆板、圆顶盖、圆盘等）。

轴对称模型只能承受对称轴向载荷或径向面力（如高压容器）。Y 方向是轴向，X 方向是径向，Z 方向是环向（hoop）。环向位移为零，环向应变和应力十分明显。几何形状及载荷分布与环向坐标无关，如高压容器、炮筒、旋转圆盘等可以看作是平面轴对称问题。

求解二维轴对称问题时，施加约束、压力载荷、温度载荷及 Y 方向的角（加）速度时可以和一般非对称模型一样进行施加，但集中载荷有特殊的含义，它表示的是力或力矩在 360° 范围内的合力，即输入的是整个圆周上的总的载荷的大小。同理，轴对称模型计算结果输出的反作用力值也是整个圆周上的合力，即力和力矩按总载荷值输出。将三维轴对称结构用二维形式等效，分析结果将更精确。

6.2 二维实体单元

二维实体单元是一类平面单元（见表 6-1），可用于平面应力、平面应变和轴对称问题的分析，此类单元均位于 XY 平面内，轴对称分析时 Y 轴为对称轴。常用二维实体单元主要有：PLANE182、PLANE183 等。

表 6-1　二维实体单元

单元名称	单元描述	节点自由度	备注
PLANE182	4 节点四边形单元	UX, UY	具有非线性材料模型，如用于超弹材料
PLANE183	8 节点四边形单元	UX, UY	是 PLANE182 的高阶单元，适用于模拟曲线边界
PLANE25	4 节点谐结构单元	UX, UY, UZ	用于轴对称结构上作用有非对称载荷
PLANE83	8 节点谐结构单元	UX, UY, UZ	是 PLANE25 的高阶单元

1. PLANE182（二维结构实体单元）

PLANE182 单元用于建立二维实体结构模型。该单元既能用作平面单元（平面应力或平面应变），也能用作轴对称单元。单元由 4 个节点定义，每个节点有 2 个自由度：节点坐标系 x、y 方向的平动。该单元具有塑性、超弹、应力刚化、大变形以及大应变等功能，也可以模拟几乎或完全不可压缩超弹材料的变形。

PLANE182 可以退化成三角形单元，如图 6-1 所示，但这种线性结构三角形单元要尽量避免，因其收敛性通常很差，必须使用非常细小的单元才能达到要求的精度。

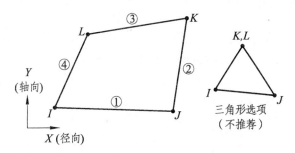

图 6-1　PLANE182 单元示意图

单元选项（Element type options）中的 KEYOPT(3)用来指定二维问题的类别（平面应力、平面应变、或轴对称问题）。KEYOPT(3)=0 或 3 时是平面应力问题，两者的差异在于当 KEYOPT(3)=0 时，ANSYS 假设厚度是单位厚 1，当 KEYOPT(3)=3 时，可以通过实常数输入厚度。KEYOPT(3)=1 时是轴对称问题，KEYOPT(3)=2 时是平面应变问题，厚度假设是单位厚 1。

当作用一集中载荷时，厚度方向的尺寸变得非常重要。如某一节点上作用集中力 100 N，对 KEYOPT(3)=0 而言，此 100 N 是分布在一个单位的厚度上；对 KEYOPT(3)=1 而言，此 100 N 是分布在整个圆周上；对 KEYOPT(3)=2 而言，此 100 N 也是分布在一个单位的厚度上；而对 KEYOPT(3)=3 而言，此 100 N 是分布在所输入的厚度上。对分布在表面的压力而言，则不会混淆，因为分布在表面的压力永远以单位面积上的力（如 N/m^2）来表示。

2. PLANE183（二维 8 节点结构实体单元）

PLANE183 单元（见图 6-2）是 PLANE182 单元的高阶形式。该单元由 8 个节点定义，每个节点有 2 个自由度：节点坐标系的 x、y 方向的平动。该单元具有二次位移项，适用于模拟具有曲线边界的几何模型。

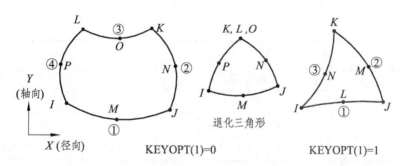

图 6-2　PLANE183 单元示意图

6.3　平面托架结构有限元分析实例

计算模型如图 6-3 所示，图（a）上部 $\Phi20$ 圆孔处施加约束，下部 $\Phi20$ 圆孔下半圆环施加分布压力，如图（b）所示。因只有面内载荷且板厚相对较小，因此可视为平面应力问题进行分析。

6.3.1　GUI 操作步骤

1. 启动 ANSYS，改变默认工作路径，定义文件名和分析标题

（1）Utility Menu > File > Change Directory…，改变默认工作路径。

（2）Utility Menu > File > Change Jobname…，定义文件名。在出现的对话框中输入 Bracket。

（3）Utility Menu > File > Change Title…，定义分析标题。

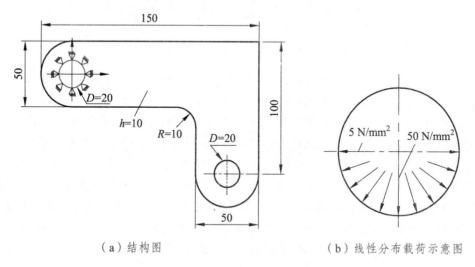

（a）结构图　　　　　　　　　　　　（b）线性分布载荷示意图

图 6-3　平面托架结构（单位：mm）

2. 设置单元类型

选用二维 8 节点实体单元 PLANE183。

Main Menu > Preprocessor > Element Type > Add/Edit/Delete > Add，在弹出的对话框中左边选择 Structural Solid，右边框选择 Quad 8node 182，点击 OK，回到 Element Types 窗口，再

选 Options 单元类型选项，在出现的窗口中设置 K3 为 Plane stress w/thk，点击 OK，退出单元类型窗口。

3. 定义实常数

Main Menu > Preprocessor > Real Constants > Add/Edit/Delete > Add > OK，出现定义实常数组参数窗口，输入 Real Constant Set No = 1，Thickness = 10，点击 OK，退出实常数窗口。

4. 定义材料力学参数

输入与材料力学特性有关的参数，如弹性模量、泊松比等。

Main Menu > Preprocessor > Material Props > Material Models，打开定义材料属性对话框，在 Material Models Available 窗口中双击下面的路径：Structural > Linear > Elastic > Isotropic，在打开的对话框中输入弹性模量 EX= 2.1e5，输入泊松比 PRXY = 0.3，点击 OK，退出材料属性对话框。

5. 创建几何模型

（1）创建矩形：以图 6-3（a）左边圆孔中心为整体坐标原点。

Main Menu > Preprocessor > Modeling > Create > Areas > Rectangle > By Dimension，输入第一个矩形的两个角点坐标（见图 6-4）：X1，X2（0，150），Y1，Y2（−25，25），点击 Apply；输入第二个矩形的两个角点坐标：X1，X2（100，150），Y1，Y2（−25，−75），点击 OK。

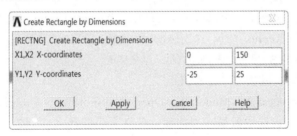

图 6-4   创建矩形

（2）显示面号，并用不同颜色表示面。

Utility Menu > PlotCtrls > Numbering，勾选 AREA = on，[/NUM] = Colors & numbers。

（3）创建两个圆面。

显示工作平面坐标系：Utility Menu > WorkPlane > √ Display Working Plane。

创建左边圆面：Main Menu > Preprocessor > Modeling > Create > Areas > Circle > Solid Circle，在出现的输入窗口中，输入半径值 Radius = 25，点击 Apply。

输入第二个圆的圆心在工作平面坐标系下的坐标值及半径 WX，WY，R（125，−75，25），点击 OK。

（4）进行布尔运算，合并成一个实体面元，即把创建的 4 个面加起来。

Main Menu > Preprocessor > Modeling > Operate > Booleans > Add > Areas，在弹出的对话框中，选择 Pick All，生成一个新面。存盘：工具条 SAVE_DB。

（5）创建倒角、补丁面积，合并面。

① 显示线号：Utility Menu > PlotCtrls > Numbering 弹出对话框，勾选 LINE = on，点击 OK。

② 倒圆角：Main Menu > Preprocessor > Modeling > Create > Lines > Lines Fillet，用鼠标选择要创建倒角的两条相交线 L8、L17，点击 OK。在弹出的窗口中输入倒角半径 RAD=10（见图 6-5），点击 OK。

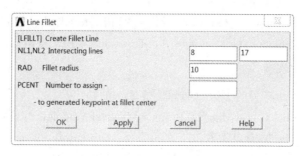

图 6-5　倒圆角

③ 画出所有图元：Utility Menu > Plot > Multi-Plots。放大倒角区域。

④ 创建补丁面积：Main Menu > Preprocessor > Modeling > Create > Areas > Arbitrary > By Lines，选择倒角处三条线 L1、L4、L5，点击 OK。

⑤ 进行布尔运算，整合面积：Main Menu > Preprocessor > Modeling > Operate > Booleans > Add > Areas，在弹出的对话框中，选择 Pick All，点击 OK，存盘。

（6）创建两个小圆孔。

Main Menu > Preprocessor > Modeling > Create > Areas > Circle > Solid Circle，在出现的输入窗口中，输入半径值 Radius = 10，点击 Apply；再输入第 2 个小圆在 WP 坐标系下的圆心坐标值及半径 WX，WY，R（125，-75，10），点击 OK。

（7）进行布尔运算，减去 2 个小圆孔。

Main Menu > Preprocessor > Modeling > Operate > Booleans > Subtract > Areas，选取托架面 A2 为基体，点击 OK，再选取要被减去的面，即 2 个小圆孔 A1、A3，点击 OK，存盘。

6. 网格划分

Main Menu > Preprocessor > Meshing > MeshTool，在弹出的对话框中，拾取 Size Controls 下第一行 Global 对应按钮 Set，在弹出的对话框中设置单元边长 SIZE=5，点击 OK。在 MeshTool 页面选择 Mesh，出现对话框 Mesh Areas，选择面或 Pick All，点击 OK，完成单元划分（见图 6-6）。

7. 施加约束、载荷

（1）施加位移约束。

Main Menu > Solution > Define Loads > Apply > Structural > Displacement > On Lines，拾取模型左边小圆孔的四条弧线 L4、L5、L6、L7，点击 OK，在出现的对话框中选择 All DOF，点击 OK。

（2）施加载荷。

① 符号显示设置：Utility Menu > PlotCtrls > Symbols，在打开的对话框中将 LDIR Line direction 设为 on（打开线方向以确定加载圆弧线段的 I、J 节点）；[/PSF]项选择 Pressures，Show pres and convect as 项选择 Arrows，点击 OK。

②画线：Utility Menu > Plot > Lines，线方向定义为由 I 节点指向 J 节点。

③在右边小圆孔下半个圆弧线上定义线性分布的载荷：Main Menu > Solution > Define Loads > Apply > Structural > Pressure > On Lines，选择左下 1/4 圆弧线 L11，在弹出的对话框上、下两个文本框中分别输入 5、50（J 节点），点击 Apply；再选择右下 1/4 圆弧线 L12，点击 OK，在弹出的对话框上、下两个文本框中分别输入 50、5（J 节点），点击 OK。

④关闭线方向显示：PlotCtrls > Symbols，在打开的对话框中将 LDIR Line direction 设为 off。

⑤画面：Utility Menu > Plot > Areas。

8. 求解计算

求解：Main Menu > Solution > Solve > Current LS。审核状态文件中的信息，点击 OK，程序开始进行计算。

9. 查看计算结果

（1）图形显示变形情况。

Main Menu > General Postproc > Plot Results > Deformed Shape，可按三种方式画出变形图：

① Def shape only，仅画变形图。

② Def + Undeformed，变形后的图和变形前的图一起显示。

③ Def + Undef edge，显示变形后的图和变形前结构的边界线（见图 6-6）。

图形上给出了最大位移 DMX，对平面问题该值为 X、Y 方向的向量和，即 SQRT（X^2+Y^2）。

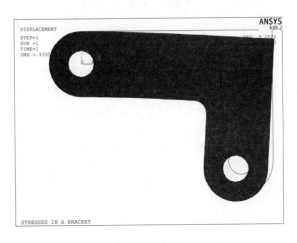

图 6-6　变形图（单位：mm）

（2）等值线图显示位移及应力分析结果。

Main Menu > General PostProc > Plot Results > Contour Plot > Nodal Solu，在弹出的对话框中选取 Nodal Solution > DOF Solution > Y-Component of Displacement（Y 方向位移），点击 Apply，查看位移等值线图；再选取 Stress > Von Mises Stress（第四强度理论应力），点击 OK，应力等值线图如图 6-7 所示。

（3）关于 Nodal Solu（节点求解结果）和 Element Solu（单元求解结果）。

在 Main Menu > General PostProc > Plot Results > Contour Plot 下面共有 4 个选项：

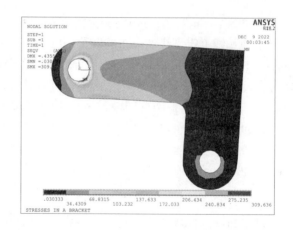

图 6-7　第四强度理论应力等值线图（单位：MPa）

① Nodal Solu：表示节点的求解结果。可绘制节点位移、应力等计算结果的等值线图。

② Element Solu：显示单元的求解结果。可绘制单元应力等计算结果的等值线图。

③ Elem Table：显示单元表中的一组数据（需先定义单元表）。

④ Line Elem Res：用等值线图显示一维单元的分析结果。

有限元求解过程直接求得的是节点上的位移值，即节点位移为原始解。应力、应变等由节点位移变换得到，为派生解。节点解（Nodal Solu）显示的应力、应变值与节点有关，是由 ANSYS 程序对派生解进行平均后显示的结果。单元解（Element Solu）是单元高斯点上的应力（应变），没有经过平均处理，是应力的实际显示。

（4）列表显示结果数据。

Main Menu > General PostProc > List Results，可以列表显示后处理结果的摘要信息（如迭代次数、收敛精度、误差百分比等）以及位移、应力、应变、节点力、支反力等信息。

① 列表显示节点求解结果中的位移及应力：Main Menu > General PostProc > List Results > Nodal Solution，在弹出的列表节点结果对话框中，选择自由度解中的位移 Nodal Solution > DOF Solution > Displacement vector sum，点击 Apply；再选取 Stress > von Mises stress（第四强度理论应力），点击 OK。在列表最后，列出了最大及最小值所在的节点号。

② 列表显示约束处的支反力：Main Menu > General PostProc > List Results > Reaction Solu，点击 OK。

6.3.2　平面托架结构分析命令流文件

```
FINISH                          !退出以前模块
/CLEAR,NOSTART                  !清除内存中的所有数据,不读入初始化文件
/FILENAME,Bracket               !定义文件名
/title, STRESSES IN A BRACKET
/PREP7                          !进入前处理模块 PREP7
et,1,plane182,,,3               !定义第一类单元为带厚度的平面单元 PLANE82
mp,ex,1,2.1e5                   !定义第一类材料的弹性模量 EX
mp,prxy,1,0.3                   !定义第一类材料的泊松比
```

```
r,1,10                          !定义单元的第一类实常数:Thickness
blc4,0,-25,150,50               !定义矩形块
blc4,100,-25,50,-50
cyl4,0,0,25,0,25,360,0          !定义两个圆面
cyl4,125,-75,25,0,25,360,0
aadd,all                        !将定义的四块面积相加得到 5 号面积
cyl4,0,0,0,0,10,360,0           !定义开孔位置的小圆孔
cyl4,125,-75,0,0,10,360,0
asba,5,all                      !从 5 号大面积中减去两个小圆孔
LFILLT,17,8,10, ,               !定义内侧位置的倒角
al,12,13,14                     !用三条直线定义倒角后形成的小面积
aadd,all                        !将当前所有面积相加
esize,5                         !定义单元边长为 5
amesh,all                       !对所有面积进行单元划分
/SOLU                           !进入求解模块 SOLUTION
dl,1,,all                       !对 1 号直线定义约束
dl,6,,all                       !对 6 号直线定义约束
dl,4,,all                       !对 4 号直线定义约束
dl,5,,all                       !对 5 号直线定义约束
SFL,10,PRES,5,50                !在 10 号直线上定义线形变化的分布载荷
SFL,11,PRES,50,5                !在 11 号直线上定义线形变化的分布载荷
SOLVE                           !开始求解
FINISH                          !退出后模块
/POST1                          !进入后处理模块 POST1
!SET,1                          !读入第一个载荷步的计算结果
PLNSOL,S,EQV                    !用等值线图显示 Mises（第四强度理论）应力
```

6.4　厚壁圆筒应力分析

厚壁圆筒内径 R_i =1 mm，外径 R_o = 3.5 mm，长度为 10 mm。材料为 20 钢，弹性模量 E = 200 GPa，泊松比 μ =0.3。圆筒上端施加轴向拉力 5.55 MPa，圆筒内壁上有均布压力 P_i = 60 MPa。计算该高压油管的第三强度相当应力和第四强度相当应力。

问题分析：受内压作用厚壁圆筒，在同一半径处的任何圆周方向，应力是相同的，因此可用轴对称模型分析。轴对称模型在第一象限建模，对称轴是 Y 轴，X、Y、Z 分别表示径向、轴向和周向（环向）。常用的轴对称单元有 4 节点的 PLANE182 单元和 8 节点的 PLANE183 单元，轴对称设置应在单元选项修改 K(3)=1。第三强度相当应力 ANSYS 后处理为 Stress Intensity，云图中的符号为 SINT。第四强度相当应力后处理为 Von Mises stress，云图中的符号为 SEQV。

6.4.1 GUI 操作步骤

1．设置单元属性

（1）单元类型。

① 定义单元：Main Menu> Preprocessor> ElementType> Add/Edit/Delete→Add→选择 PLANE183 单元，即在左列表框中选择 Solid，在右列表框中选择 8 node 183→ OK。

② 设置单元选项：选中 PLANE183 单元→ Option→ K3 改成 Axisymmetric→OK。

（2）定义材料参数：Main Menu > Preprocessor > Material Props > Material Models > Structural > Linear > Elastic > Isotropic > EX：2e5；PRXY：0.3，点击 OK。

2．建立几何模型

创建几何面：Main Menu> Preprocessor> Modeling> Create> Areas> Rectangle>By Dimensions→ X1，X2：1，3.5；Y1，Y2：0，10。轴对称模型必须在第一象限创建。

3．划分网格

（1）设置整体单元尺寸：Main Menu > Preprocessor > Meshing > Mesh Tool→在 Size Controls 下方选择 Global Set→ SIZE：0.5→ OK。

（2）设置径向线的份数：Main Menu > Preprocessor > Meshing > MeshTool，在 Size Controls 下方选 Lines：Set，选择 L1 和 L3，点击 OK，设置 NDIV = 16，点击 OK。

（3）划分网格：Main Menu > Preprocessor >Meshing > Mesh Tool →Areas，Quad，Mapped→ Mesh→ 拾取面 A1→ OK。

4．边界条件

（1）轴向下端约束轴向自由度（y 方向自由度）：MainMenu > Preprocessor > Loads > Define Loads > Apply > Structural > Displacement > On Lines → 选择 L1 → Lab2:UY → OK。受内外压的轴对称模型，不要约束径向。但要约束轴向，否则出现轴向刚体位移，导致计算失败。

（2）上端施加轴向拉力：Main Menu > Solution > Define Loads > Apply > Structural > Pressure > On Lines → 选择 L3 → VALUE：−5.55→ OK。施加的压力外载荷：负值表示拉力，单位为 MPa。

（3）施加内压：Main Menu > Solution > Define Loads > Apply > Structural > Pressure > On Lines→ 选择 L4→ VALUE：60→ OK。施加的压力外载荷：正值表示压力，单位为 MPa。

（4）显示施加的边界条件：Utility Menu> PlotCtrls> Symbols→ [/PBC]：All Applied BCs"，[/PSF] Surface Load Symbols：Pressures；Show pres and convect as：Arrows → OK。

5．求　解

Main Menu> Solution> Solve>Current LS。

6．后处理

后续出图，保存图片：Utility Menu > PlotCtrls > Hard Copy > To File···→ 命名→ OK。

（1）径向位移云图。

① 轴对称扩展：Utility Menu > PlotCtrls > Style > Symmetry Expansion > 2D Axi- Symmetric→ 3/4 expansion → OK。轴对称扩展后调整视图，三维立体显示，如图 6-8 所示。

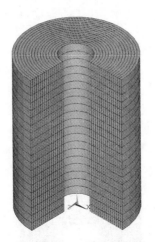

图 6-8　圆筒轴对称扩展图

② 径向位移云图：Main Menu > General Postproc > Plot Results > Contour Plot > Nodal Solu→ Nodal Solution→ DOF Solution→ X-component of displacement（X方向位移，径向位移）→ OK。云图中的符号为 UX。径向位移云图如图 6-9 所示。

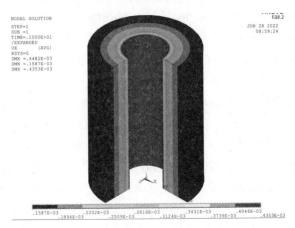

图 6-9　圆筒径向位移云图

（2）云图显示应力分布。

Main Menu > General Postproc > Plot Results > Contour Plot > Nodal Solu。

① 云图显示径向、轴向、环向应力：

→ X-Component of stress→Apply。径向应力，云图中的符号为 SX。

→ Y-Component of stress→Apply。轴向应力，云图中的符号为 SY。

→ Z-Component of stress→Apply。周向应力，云图中的符号为 SZ。

② 云图显示第 1、2、3 主应力：

→ 1st Principal stress→Apply。第 1 主应力，云图中的符号为 S1。

→ 2nd Principal stress→Apply。第 2 主应力，云图中的符号为 S2。

→ 3rd Principal stress→OK。第 3 主应力，云图中的符号为 S3。

③ 云图显示第三强度相当应力：

→ Stress intensity→ Apply。云图中的符号为 SINT。圆筒应力云图如图 6-10 所示。

④ 云图显示第四强度相当应力：

→ von Mise stress→ OK。云图中的符号为 SEQV。

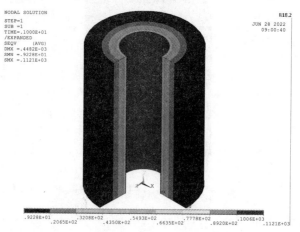

图 6-10　圆筒应力云图

（3）路径显示沿厚度的径向和环向应力曲线。

① 定义路径：Main Menu > General Postproc > Path Operations > Define Path > By Location→ Name：P1→ OK。路径名可任意取。

弹出的对话框中→ 输入第 1 点的坐标 NPT：1；X，Y，Z：1，0，0→ OK→输入第 2 点的坐标 NPT：2；X，Y，Z：3.5，0，0→OK。

② 显示路径：Main Menu > General Postproc > Path Operations > Plot Paths。

③ 映射路径数据：Main Menu> General Postproc> Path Operations> Map onto Path。

→映射径向应力到路径 Lab：P1_SX；Item，Comp：Stress，X-direction SX→Apply。

→映射环向应力到路径 Lab：P1_SZ，Item，Comp：Stress，Z-direction SZ→Apply。

→映射第三强度相当应力到路径 Lab：P1_SINT；Item，Comp：Stress，Intensity SINT→Apply。

→映射第四强度相当到路径 Lab：P1_SEQV；Item，Comp：Stress，von Mise SEQV→ OK。

④ 曲线显示：MainMenu> General Postproc> Path Operations> Plot Path Item> On Graph→ P1_SX，P1_SZ P1_SINT，P1_SEQV→ OK。如图 6-11 所示。

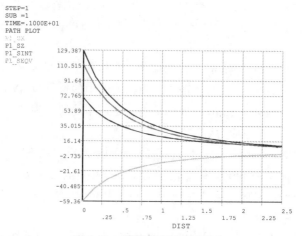

图 6-11　路径数据曲线显示

6.4.2　厚壁圆筒应力分析命令流

```
Pi=60                        !内压，MPa
Po=0                         !内压，MPa
Ri=1                         !内半径，mm
Ro=3.5                       !外半径，mm
y1=10                        !轴向长度，mm
Ex=2.0E5                     !弹性模量，MPa
Miu=0.3                      !泊松比
/PREP7
ET,1,PLANE183                !单元类型
KEYOPT,1,3,1                 !轴对称
MP,EX,1, Ex                  !材料
MP,PRXY,1, Miu
RECTNG,Ri,Ro,0,y1            !切面
ESIZE,0.5,0                  !总体单元尺寸 0.5 mm
LSEL,S,LENGTH,, Ro- Ri       !半径线，按长度选择
LPLOT
LESIZE,all,,,16,,,,1         !径向份数
ALLSEL,ALL
MSHAPE,0,2D                  !0——四边形单元，1——三角形单元
MSHKEY,1                     !映射
AMESH,1                      !面划分网格
NSEL,S,LOC,Y,0               !选择 y=0 的节点
D,ALL,UY                     !约束 u_y
NSEL,S,LOC,Y,y1              !选择 y=y_1 的节点
SF,ALL,PRES,-5.33            !轴向应力
NSEL,S,LOC,X,Ri              !选择 x=R_i 的节点
SF,ALL,PRES,Pi               !加内压 P_i
NSEL,S,LOC,X,Ro              !选择 x=R_o 的节点
SF,ALL,PRES,Po               !加外压 P_o
FINISH
/SOLU
ALLSEL,ALL                   !求解前务必选择所有
SOLVE
FINISH
/POST1
/UDOC,1,CNTR,LEFT            !数据右侧显示
/GFORMAT,E,12,4,             !数据格式
```

```
/EXPAND,27,AXIS,,,10 !3/4          !轴对称扩展
/VIEW,1,1,1,1                      !视图
PLNSOL, U,X, 0,1.0                 !径向位移
PLNSOL, S,X, 0,1.0                 !径向应力
PLNSOL, S,Z, 0,1.0                 !周向应力
PLNSOL, S,Y, 0,1.0                 !轴向应力
PLNSOL, S,1, 0,1.0                 !第1主应力
PLNSOL, S,2, 0,1.0                 !第2主应力
PLNSOL, S,3, 0,1.0                 !第3主应力
PLNSOL, S,INT, 0,1.0              !第三强度相当应力
PLNSOL, S,EQV, 0,1.0             !第四强度相当应力
PATH,p1,2,,48                      !定义路径
PPATH,1,,Ri,0,0                   !第1点
PPATH,2,,Ro,0,0                   !第2点
PATH,P1                           !指定路径
PDEF,p1_SX,S,X,AVG               !径向应力
PDEF,p1_SZ,S,Z,AVG               !环向应力
PDEF,p1_sint,S,INT,AVG           !第三强度相当应力
PDEF,p1_seqv,S,EQV,AVG           !第四强度相当应力
PLPATH,P1_SX,P1_SZ,P1_SINT,P1_SEQV !应力曲线
```

第7章　三维实体结构有限元分析

三维实体结构单元可用来模拟三维实体结构（如轴承座、减速器壳体等），是实际工程中使用较多的单元类型。常用三维实体单元有 SOLID185、SOLID186、SOLID187、SOLID65 等。

7.1　常用三维实体单元的特性

1. SOLID185

SOLID185 单元为三维 8 节点实体结构单元（六面体），每个节点有 3 个自由度：节点坐标系 x、y、z 方向的平动（UX，UY，UZ）。可退化为棱柱体或四面体。该单元具有应力刚化、蠕变、大变形以及大应变等功能，也可模拟几乎不可压缩的弹塑性材料的变形，以及完全不可压缩的超弹性材料的变形。图 7-1 为其单元示意图。

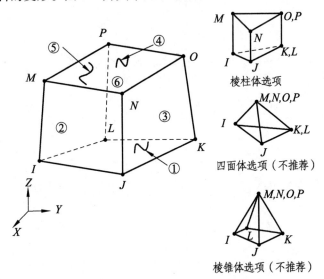

图 7-1　SOLID185 单元示意图

2. SOLID186

SOLID186 单元是 SOLID185 的高阶形式，为 20 节点高阶三维实体结构单元（带中间节点的六面体）。SOLID186 单元每个节点有 3 个自由度：UX，UY，UZ。该单元具有二次位移函数，适于具有弯曲边界的结构建模，计算精度高，但计算成本也高。图 7-2 为其单元示意图。

3. SOLID187

SOLID187 单元为 10 节点高阶三维实体结构单元（带中间节点的四面体），适用于形状不规则的体结构。每个节点有 3 个平动自由度。图 7-3 为其单元示意图。SOLID187 单元集成了对于几乎不可压缩的弹塑性材料和完全不可压缩的超弹性材料的变形计算功能。

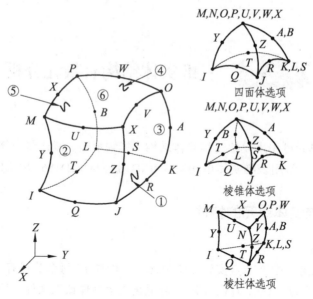

图 7-2　SOLID186 单元示意图

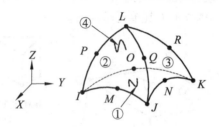

图 7-3　SOLID187 单元示意图

4. SOLID65

SOLID65 单元为三维钢筋混凝土实体单元（六面体），每个单元由 8 个节点组成，每一节点有 3 个平动自由度（UX，UY，UZ）。其增加了特别的断裂和压碎功能，可处理非线性材料。

7.2　实体单元的选择

选用单元类型时，如果所分析的结构比较简单，可以很方便地全部划分为六面体单元，或者绝大部分是六面体，只含有少量四面体和棱柱体，则应选用六面体单元（SOLID185）；如果所分析的结构比较复杂，难以划分出六面体，应该选用带中间节点的四面体单元（SOLID187）。

对复杂结构如果选用六面体单元，由于结构比较复杂划分不出六面体，单元将全部退化为线性的四面体单元，具有过大的刚度，计算精度较差，所以要根据具体结构选择单元。

7.3　轴承座结构有限元分析实例

轴承座几何尺寸如图 7-4 所示，图 7-5 为其载荷及约束情况，试分析轴承座的变形及应力。

轴承座为左右对称结构，建模的步骤是：创建对称部分的体素、平移并旋转工作平面、进行体素间的布尔操作、镜像生成整个几何模型。总体坐标系原点设置在轴承座对称面基座底边（见图7-6）。

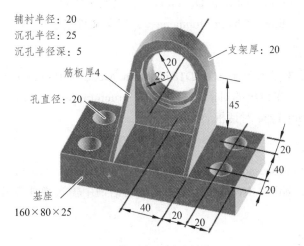

图 7-4　轴承座几何尺寸（单位：mm）

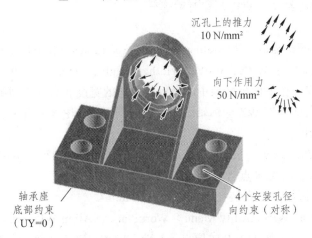

图 7-5　轴承座载荷及约束

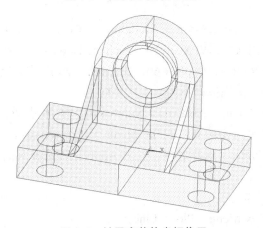

图 7-6　轴承座整体坐标位置

7.3.1 建模及分析过程

1. 启动 ANSYS，定义工作文件名

（1）Utility Menu > File > Change Directory…，改变工作目录。

（2）Utility Menu > File > Change Jobname…，定义文件名。

2. 定义单元类型

定义 10 节点四面体实体单元 SOLID187：Main Menu > Preprocessor > Element Type > Add/Edit/Delete > Add，在弹出的对话框左框选择 Structural Solid，右框选择 Tet 10 Node 187，点击 OK，关闭 Element Type 对话框。

3. 定义材料特性

Main Menu > Preprocessor > Material Props > Material Models，顺序双击右边框中 Structural > Linear > Elastic > Isotropic，在弹出的对话框中输入弹性模量 EX = 2.1e5，泊松比 PRXY = 0.3，点击 OK。

4. 创建几何模型

该模型是左右对称结构，只需创建对称部分。

（1）创建底座。

Main Menu > Preprocessor > Modeling > Create > Volumes > Block > By 2 Corners & Z，在弹出的对话框中分别输入：WPX，WPY，Width，Height，Depth（0，0，80，25，80），点击 OK。即第一个角点在工作平面坐标系中的坐标值及体的宽度和高度（即第二个角点的坐标），Depth（80）为体的高度，沿 WZ 坐标轴。取正值时图形沿 WP 坐标轴正向，取负值时图形沿 WP 坐标轴负方向绘出。

Utility Menu > PlotCtrls > Pan，Zoom，Rotate > Iso，绘制正等侧视图。Utility Menu > PlotCtrls > Numbering，将关键点号 KP 设为"On"。

（2）创建（实体圆柱）两安装孔（直径 D = 20 mm）。

① 重定义工作平面 WP：Utility Menu > WorkPlane > Align WP with > Keypoints，顺序选择 3 个关键点（7，3，8）作为 WP 的原点、X 轴方向和 WXY 平面，即将 WP 移至体边界的一个角点上，点击 OK。

② 创建两实体圆柱：Preprocessor > Modeling > Create > Volumes > Cylinder > Solid Cylinde，在弹出的对话框中输入 WPX，WPY，Radius，Depth（20，20，10，-25），点击 Apply；继续输入 WPX，WPY，Radius，Depth（60，20，10，-25），点击 OK。（注：以上输入数据随工作平面原点位置及 X、Y 轴取向不同而有所不同。）

③ 打开体号：Utility Menu > PlotCtrls > Numbering，将体号 VOLU 设为"On"。

④ 布尔减运算，创建两安装孔：Main Menu > Preprocessor > Modeling > Operate > Booleans > Subtract > Volumes，选择底座，点击 Apply，再选择两圆柱体，点击 OK。存盘：工具条 SAVE_DB。

（3）创建支撑部分（体）。

① 显示线模型：Utility Menu > Plot > Lines。

② 转换工作平面位置：将 WP 移至底座对称边的上面角点（即关键点 1）处，Utility Menu >

WorkPlane > Align WP with > Keypoints，顺序选择关键点 1、3、2。

③ 创建体：Main Menu > Preprocessor > Modeling > Create > Volumes > Block > By 2 Corners & Z，在弹出的对话框中输入：WPX，WPY，Width，Height，Depth（0，0，40，-45，-20），点击 OK。

（4）创建 1/4 圆柱。

① 平移工作平面：将 WP 移至支架对称边的上面角点（关键点 26）处，即将要创建的圆柱中心处。Utility Menu > WorkPlane > Offset WP to > Keypoints，选择关键点 26。

② 创建 1/4 实心圆柱：Main Menu > Preprocessor > Modeling > Create > Volumes > Cylinder > Partial Cylinder，在弹出的对话框中输入：WPX，WPY，Rad-1，Theta-1，Rad-2，Theta-2，Depth（0，0，0，0，40，-90，20），点击 OK，存盘。注：Theta 角的正负与 WP 方向有关，与右手规则转向相同时角度为正，否则为负。

（5）创建轴承孔处的圆柱。

Main Menu > Preprocessor > Modeling > Create > Volumes > Cylinder > Solid Cylinder，在弹出的对话框中输入 WPX，WPY，Radius，Depth（0，0，25，5），点击 Apply；继续输入 WPX，WPY，Radius，Depth（0，0，20，50），点击 OK。

（6）布尔减运算，创建导孔及轴孔。

Main Menu > Preprocessor > Modeling > Operate > Booleans > Subtract > Volumes，选择两块竖直的体 V1 和 V2，点击 Apply，再选择两圆柱体 V3、V5，点击 OK。注：若出现错误信息，可分两次顺次减去 2 个柱体。

（7）创建筋板。

① 转换工作平面：将 WP 移至支架与底座的交点（关键点 27）处，工作平面应在筋板的平面内。Utility Menu > WorkPlane > Align WP with > Keypoints，顺序选择关键点 27、31、28，点击 OK。

② 设置栅格捕捉方式：Utility Menu > WorkPlane > WP Settings，在弹出的对话框中输入捕捉增量 Snap Incr = 4，点击 OK。

③ 建棱柱：Main Menu > Preprocessor > Modeling > Create > Volumes > Prism > By Vertices，在弹出的对话框中，选中 WP Coordinates，在文本框中键盘输入 4 个 WP 坐标点：0，0，点击 Apply；0，45，点击 Apply；-60，0，点击 Apply；0，0，点击 Apply（第 4 个点应与第 1 个点重合，以结束顶点的输入）。拖动鼠标使棱柱 Z 方向厚度为 4 时单击鼠标左键，点击 OK。模型如图 7-7 所示。

（8）沿对称面镜像生成整个模型。

Main Menu > Preprocessor > Modeling > Reflect > Volumes，在弹出的对话框中点击 Pick All，在 Reflect Voumes 对话框中选 Y-Z plane，点击 OK。

（9）粘接所有体。

Main Menu > Preprocessor > Modeling > Operate > Booleans > Glue > Volumes，点击 Pick All。

5. 划分网格

（1）设置单元边长：Main Menu > Preprocessor > Meshing > MeshTool，在弹出的对话框中拾取 Size Controls 下第一行 Global 对应按钮 Set，在弹出的对话框中设置单元边长 SIZE = 6，

点击 OK。

（2）划分网格：在 MeshTool 页面选择 [Mesh]，出现 Mesh Volumes 对话框，选择 Pick All，点击 OK。

6. 加 载

（1）显示线模型：Utility Menu > Plot > Lines。

（2）在 4 个安装孔柱面施加对称约束：Main Menu > Solution > Define Load > Apply > Structural > Displacement > Symmetry B.C. > On Areas，拾取 4 个安装孔的 8 个柱面，点击 OK。

（3）在基座底面边线上施加 Y 向位移约束：Main Menu > Solution > Define Load > Apply > Structural > Displacement > on Lines，拾取基座底面周边的 6 条边线，点击 OK，在弹出的对话框中选择 UY，点击 OK。

（4）载荷符号显示设置：Utility Menu > PlotCtrls > Symbols，在打开的对话框中：[/PSF] 项选择 Pressures，Show pres and convect as 项选择 Arrows，点击 OK。

（5）在导孔端面上施加推力面载荷，在轴承孔的下半部分施加径向压力载荷：Main Menu > Solution > Define Load > Apply > Structural > Pressure > On Areas，拾取沉孔上宽度为 5 mm 的 4 个圆环面，点击 OK，在弹出的对话框中输入面上的分布压力值 VALUE = 10，点击 Apply；继续选取半径为 20 mm 的轴承孔下半部两个圆弧面，点击 OK，在弹出的对话框中输入 VALUE = 50，点击 OK。

7. 求解计算

求解：Main Menu > Solution > Solve > Current LS。审核状态文件中的信息，点击 OK。

8. 查看计算结果

（1）图形显示变形情况：Main Menu > General Postproc > Plot Results > Deformed Shape，选 Def + Undef edge 查看变形图。

（2）将 ANSYS Toolbar 中的 POWRGRPH 设为 Off。

（3）等值线图显示位移及应力计算结果：Main Menu > General PostProc > Plot Results > Contour Plot > Nodal Solu > DOF Solution > Displacement vector sum，点击 Apply，查看位移等值线图；再选取 Stress > Von Mises Stress，点击 OK。计算结果如图 7-8 所示。

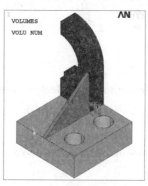

图 7-7　部分模型

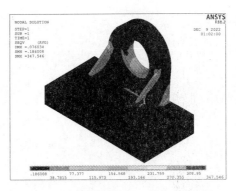

图 7-8　应力等值线图（单位：MPa）

（4）列表显示节点求解结果中的位移及应力：Main Menu > General PostProc > List Results > Nodal Solution，在弹出的列表节点结果对话框中，选择自由度解中的位移 Nodal Solution > DOF Solution > Displacement vector sum，点击 Apply；再选取 Stress > Von Mises Stress，点击 OK。在列表最后，列出了最大及最小值所在的节点号。

（5）列表显示约束处的支反力：Main Menu > General PostProc > List Results > Reaction Solu，点击 OK。

7.3.2　轴承座结构有限元分析命令流文件

```
FINISH
/FILNAME,bearing,0
/PREP7
ET,1,SOLID187              !定义单元类型
MP,EX,1,2.1e5              !定义材料
MP,PRXY,1,0.3
BLC4, , ,80,25,80          !创建基座
KWPLAN,-1, 7, 3, 8         !移动工作平面坐标系
CYL4,20,20,10, , , ,-25    !创建安装孔圆柱
VGEN,2,2, , , , ,-40, ,0   !拷贝圆柱
                          !减去两圆柱，生成两安装孔

VSBV,1,2
VSBV,4,3
WPCSYS,-1,0               !移动工作平面坐标系
KWPAVE,       1
BLC4, , ,40,45,20         !创建支架长方体
KWPAVE,      32
CYL4, , , ,40,90,-20      !创建支架上部1/4圆柱体
CYL4, , ,25, , , ,-5      !创建沉孔位置圆柱
CYL4, , ,20, , , ,-50     !创建轴衬位置圆柱
VSEL,S, , ,2,3            !减去两圆柱
```

```
CM,V1,VOLU
ALLSEL,ALL
VSBV,V1, 4
VSEL,S, , ,6,7
CM,V2,VOLU
ALLSEL,ALL
VSBV,V2, 5
wpstyle,4,0.1,-1,1,0.003,0,2,,5          !定义工作平面捕捉增量
KWPLAN,-1, 30, 28, 31                    !移动工作平面
FLST,2,5,8                               !创建棱柱
FITEM,2,40,25,20
FITEM,2,40,70,20
FITEM,2,40,25,80
FITEM,2,40,25,20
FITEM,2,40,29,52
PRI2,P51X

VSYMM,X,ALL, , ,0,0                      !镜像体
VGLUE,ALL                               !粘接体
ESIZE,6,0,                              !网格划分
VMESH,ALL

                                        !加载
/SOL
ASEL,S,LOC,X,-70,-50                    !选择安装孔柱面
ASEL,A,LOC,X,50,70
ASEL,R,LOC,Y,0,20
DA,ALL,SYMM                             !加安装孔对称约束条件（即孔径向约束）
ALLSEL,ALL
LSEL,S,LOC,Y,0                          !加底座 UY 方向约束条件
LSEL,U,LOC,X,-70,-50
LSEL,U,LOC,X,0
LSEL,U,LOC,X,50,70
/GO
DL,ALL, ,UY,
ALLSEL,ALL
ASEL,S,LOC,Z,15,15                      !加沉孔推力（均布面力）
/GO
SFA,ALL,1,PRES,10
ASEL,S,LOC,Y,50,65                      !加半径 20 mm 孔下半圈均布面力
```

```
ASEL,R,LOC,Z,0,14
SFA,ALL,1,PRES,50
ALLSEL,ALL
SOLVE                      !求解
FINISH
/POST1
/VIEW, 1 ,1,1,1
PLDISP,2                   !画变形图
PLESOL, S,EQV, 0,1.0       !画第四强度理论应力等值线图
```

7.4　汽车连杆结构有限元分析实例

图 7-9 为汽车连杆结构图，连杆厚度为 13 mm，在小头孔内侧 90°范围内承受 p=17 MPa 的面载荷，试分析该连杆的受力情况。连杆材料为 45 钢，弹性模量 E=2.1×10^5 MPa，泊松比为 0.3。

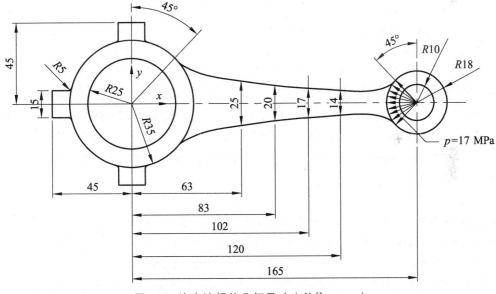

图 7-9　汽车连杆的几何尺寸（单位：mm）

7.4.1　GUI 操作步骤

1. 启动 ANSYS，改变默认工作路径，定义文件名和分析标题

（1）选择 Utility Menu > File > Change Directory 改变工作目录。

（2）选择 Utility Menu > File > Change Jobname 定义文件名。

2. 定义单元类型

Main Menu > Preprocessor > Element Type > Add/EditIDelete > Add，在弹出的对话框左框选择 Structural Solid，右框选择 Brick 20node 186，点击 OK。关闭 Element Type 对话框。

3. 定义材料力学参数

Main Menu > Preprocessor > Material Props > Material Models，顺序双击右边框中 Structural > Linear > Elastic > Isotropic，在弹出的对话框中输入弹性模量 EX = 2.1E5，泊松比 PRXY = 0.3，点击 OK。

4. 创建几何模型

由于连杆结构及载荷均上、下对称，因此可取一半结构进行分析。整体坐标系设置在大孔圆心处。

（1）创建左端半圆环面（分两块创建）。

Main Menu > Preprocessor > Modeling > Create > Areas > Cilcle > By Dimensions。在弹出的 Circular Areas by Dimensions 对话框中分别输入：RAD1，RAD2，THETA1，THETA2（35，25，0，45），点击 Apply；再输入 RAD1，RAD2，THETA1，THETA2（35，25，45，180），点击 OK。

显示面编号：Utility Menu > Plotctrls > Numbering，将面号 AREA 设为 on。

（2）创建圆环上方及左侧两个矩形面。

Main Menu > Preprocessor > Modeling > Create > Areas > Rectangle > By Dimensions。在弹出的 Circular Rectangle by Dimensions 对话框中分别输入：X1，X2，Y1，Y2（-7.5，7.5，30，45），点击 Apply；再输入 X1，X2，Y1，Y2（-45，-30，0，7.5），点击 OK。

（3）平移工作平面坐标系到右边小孔圆心。

Utility Menu > WorkPlane > Offeset WP to > XYZ Locations，在坐标栏输入 165，0，0，点击 OK。

（4）创建右边 2 个圆环面。

Main Menu > Preprocessor > Modeling > Create > Areas > Cilcle > By Dimensions。在弹出的 Circular Areas by Dimensions 对话框中分别输入：RAD1，RAD2，THETA1，THETA2（18，10，0，135），点击 Apply；再输入 RAD1，RAD2，THETA1，THETA2（18，10，135，180），点击 OK。

（5）定义 4 个关键点。

显示关键点编号：Utility Menu > Plotctrls > Numbering，将关键点 KP 设为 on。

Main Menu > Preprocessor > Modeling > Create > Keypoint > In Active CS，在弹出的对话框中分别输入：NPT，X，Y，Z（25，63，12.5，0），点击 Apply；NPT，X，Y，Z（26，83，10，0），点击 Apply；NPT，X，Y，Z（27，102，8.5，0），点击 Apply；NPT，X，Y，Z（28，120，7，0），点击 OK。

（6）激活总体柱坐标系。

Utility Menu > Workplane > Change Active CS to > Global Cylindrical。

（7）创建样条曲线及两圆环之间的连线。

Main Menu > Preprocessor > Modeling > Create > Lines > Splines > With Options > Spline Thru KPs，按顺序拾取点 2、25、26、27、28 和 21，点击 OK。弹出 B-Spline 对话框，输入 XV1，YV1（1，135）；XV6，YV6（1，45），点击 OK。模型如图 7-10 所示。

创建直线连接两圆环：Main Menu > Preprocessor > Modeling > Create > Lines > Straight Lines。拾取编号为 1 和 22 的关键点，点击 OK。

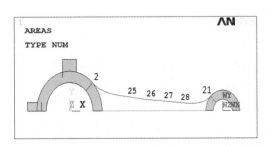

图 7-10　连接样条曲线

（8）由线生成两圆环之间的新面。

显示线编号：Utility Menu > Plotctrls > Numbering，将关键点 LINE 设为 on，同时关闭关键点号。

Main Menu > Preprocessor > Modeling > Create > Areas > Arbitrary > By Lines。拾取编号为 1、25、26 和 21 的 4 条线，点击 OK。

（9）重新激活总体直角坐标系。

Utility Menu > Workplane > Change Active CS to > Global Cartesian。

（10）面相加。

Main Menu > Preprocessor > Modeling > Operate > Booleans > Add > Areas。点击 Pick All，点击 OK。

（11）创建倒角并生成面。

Main Menu > Preprocessor > Modeling > Create > Lines > Line Fillet。拾取编号为 35 和 37 的线，点击 Apply，弹出 "Line Fillet" 对话框，输入 RAD = 5，点击 Apply。重复上述操作，对编号 34 和 37、33 和 28 的线进行倒角。

倒角处由新生成的 3 条线创建面：MainMenu > Preprocessor > Modeling > Create > Areas > Arbitrary > By Lines。拾取编号为 1、2 和 5 的线，点击 Apply；拾取编号为 6、7 和 8 的线，点击 Apply；拾取编号为 9、10 和 12 的线，点击 OK。

（12）面相加。

Main Menu > Preprocessor > Modeling > Operate > Booleans > Add > Areas。点击 Pick All，点击 OK。

（13）将面拖拉成体。

Main Menu > Preprocessor > Modeling > Operate > Extrude > Areas > Along Normal。拾取整个面，点击 OK，弹出 Extrude Areas along Normal 对话框，在 DIST 文本框中输入 13，点击 OK。

（14）显示正等侧视图。

5．生成网格

设置单元尺寸：MainMenu > Preprocessor > Meshing > Mesh Tool。在第三栏 Size Controls 区域单击 Global 对应的按钮 Set，弹出 Global Element Sizes，在 Element edge length 文本框中输入 3，点击 OK。

选中 Mesh Tool 第四栏选项 Hex、Sweep，单击按钮 Sweep，在弹出的拾取框中单击 Pick All。

6. 添加约束、载荷

（1）在大孔的内表面施加约束。

Main Menu > Solution > Define Loads > Apply > Structural > Displacement > On Areas。拾取大孔的内表面，点击 OK。在打开的对话框中选择 ALL DOF，点击 OK。

（2）在 $Y = 0$ 的所有面上施加对称约束。

Main Menu > Solution > Define Loads > Apply > Structural > Displacement > Symmetry B.C > On Areas。拾取 $Y = 0$ 的所有面，点击 OK。

（3）设置面载荷的表示方式。

UtilityMenu > Plotctrls > Symbols，弹出对话框在[/PSF] Surface Load Symbols 中选 Pressures；Show pres and convect as 下拉列表框中选择 Arrow，点击 OK。

（4）在小孔 135°~180°内表面施加面载荷。

Main Menu > Solution > Define Loads > Apply > Structural > Pressure > On Areas。拾取小孔 135°~180°对应的内表面，点击 OK，弹出 Apply PRES on areas 对话框，在 Loads PRES value 文本框中输入 17，点击 OK。载荷及约束如图 7-11 所示。

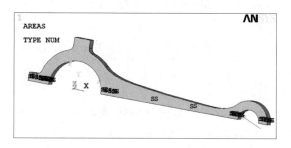

图 7-11　施加载荷及约束

7. 求　解

Main Menu > Solution > Solve > Current LS。

8. 查看结果

（1）将 ANSYS Toolbar 中的 POWRGRPH 设为 Off。

（2）显示变形形状：Main Menu > General Postproc > Plot Results > Deformed Shape。

（3）显示节点位移/应力云图：Main Menu > General Postproc > Plot Results > Contour plot > Nodal Solu，选取 Stress，Von Mises Stress，点击 OK。应力等值线图如图 7-12 所示。

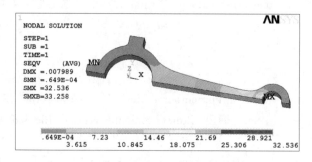

图 7-12　应力等值线图（单位：MPa）

（4）映射节点应力：Utility Menu > Plotctrls > Style > Symmetry Expansion > Periodic/Cyclic Symmetry Expansion。弹出 Periodic/Cyclic Symmetry Expansion 对话框，选中 Reflect about XZ 单选按钮，点击 OK。绘制的模型扩展后的应力等值线图如图 7-13 所示。

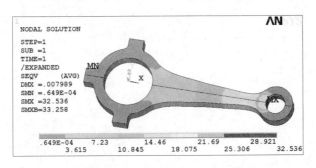

图 7-13　模型扩展后的应力等值线图（单位：MPa）

7.4.2　汽车连杆结构有限元分析命令流文件

```
/PREP7
ET,1,SOLID186                          !设置单元类型
MP,EX,1,2.1E5                          !设置材料特性
MP,PRXY,1,0.3
PCIRC,35,25,0,45                       !创建 0°~45°圆环
PCIRC,35,25,45,180                     !创建 45°~180°圆环
RECTNG,-7.5,7.5,30,45                  !创建上方矩形面
RECTNG,-45,-30,0,7.5                   !创建左方矩形面
WPAVE,165,0,0                          !移动工作平面到小孔圆心
PCIRC,18,10,0,135                      !创建 0°~135°圆环
PCIRC,18,10,135,180                    !创建 135°~180°圆环
K,25,63,12.5                           !创建关键点
K,26,83,10
K,27,102,8.5
K,28,120,7
CSYS,1                                 !激活整体柱坐标系
BSPLIN,2,25,26,27,28,21,1,135,,1,45,,  !连接样条曲线
LSTR,1,22                              !连接直线
AL,1,25,26,21                          !由线生成面
AADD,ALL                               !面相加
LFILLT,35,37,5                         !倒角
LFILLT,37,34,5
LFILLT,33,28,5
AL,1,2,5                               !倒角处创建面
```

```
AL,6,7,8
AL,9,10,12
AADD,ALL                          !面相加
VOFFST,4,13                       !将面拖拉成体，厚度 13
ESIZE,3,0,                        !定义单元边长 3 mm
VSWEEP,ALL                        !扫略网格划分
                                  !加约束

FINISH
/SOL
ASEL,S,LOC,X,25                   !选择大孔半径为 25 的内表面
DA,ALL,ALL                        !约束所有自由度
CSYS,0                            !激活整体直角坐标系
ASEL,S,LOC,Y,0                    !选择 Y＝0 的所有面
DA,ALL,SYMM                       !加对称约束
ALLSEL,ALL                        !选择所有图元
                                  !加载荷

CSWPLA,11,1,1,1,                  !在工作平面原点即小孔圆心创建局部柱坐标系 11
ASEL,S,LOC,X,10                   !选择小孔半径为 10 的内表面
ASEL,R,LOC,Y,135,180             !再从中选出 135°~180°的内表面
SFA,ALL,1,PRES,17                 !加压力 17 MPa
ALLSEL,ALL
CSYS,0                            !激活整体直角坐标系
SOLVE                            !求解
FINISH
/POST1
PLNSOL, S,EQV, 0,1.0              !绘应力等值线图
/EXPAND,2,RECT,HALF,,0.00001      !扩展模型
/REPLOT
```

第8章 板壳结构有限元分析

当一个三维实体结构的厚度不大（相对于长宽），且变形是以翘曲为主时，这种结构称为板壳结构，可以用板壳单元（SHELL ELEMENT）来模拟这个问题。常用 SHELL 单元的类型有 SHELL181、SHELL281、SHELL61、SHELL208、SHELL209 等。

8.1 常用 SHELL 单元的特性

1. SHELL181（4-Node Finite Strain SHELL）

SHELL181 是有限应变壳单元，适于分析从薄至中等厚度的壳结构。该单元有 4 个节点（见图 8-1，可退化为三角形单元），每个节点有 6 个自由度：3 个平动（UX，UY，UZ）及 3 个转动（ROTX，ROTY，ROTZ）自由度。

单元特别适合于分析具有线性、大角度转动和/或非线性大应变特性的应用问题。非线性分析中考虑了壳厚度的变化。SHELL181 也可以用于模拟层状壳或三明治结构。在模拟复合材料壳时的精度由一阶剪切变形理论（通常也称 Mindlin/Reissner 壳理论）控制。

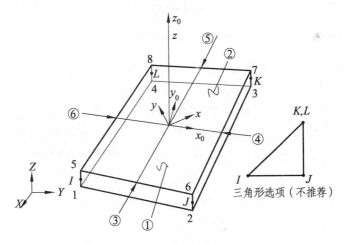

图 8-1 SHELL181 单元

2. SHELL281

SHELL281 是高阶四边形板壳单元，如图 8-2 所示，单元带有中节点，每个单元有 8 个节点，每个节点有 6 个自由度。该单元是 SHELL181 单元的高阶单元，其单元特性同 SHELL181，适合模拟弯曲的壳结构。

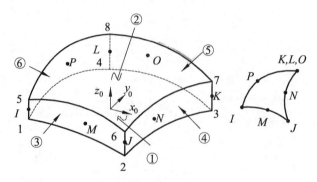

图 8-2　SHELL281 单元

3. SHELL61（轴对称谐波结构壳单元）

SHELL61 单元有 2 个节点（见图 8-3），每个节点有 4 个自由度：节点坐标系 x、y、z 方向的平动和绕 z 轴的转动。载荷可以是轴对称或非轴对称的。该壳单元可以有线性变化的厚度，没有非线性材料性质。

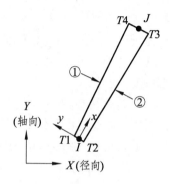

图 8-3　SHELL61 单元

4. SHELL208（2 节点轴对称有限应变壳单元）

SHELL208 单元有 2 个节点（见图 8-4），每个节点有 3 个自由度：节点坐标系 x、y 方向的平动和绕 z 轴的转动，可用于模拟薄到中等厚度轴对称单层或叠层复合壳结构（例如罐、管和冷却塔等）。该单元考虑了大应变效应、横向剪切变形、超弹材料层等问题，非常适合于模拟线性、大转动或大应变非线性分析，而且可以在非线性分析中考虑壳厚度的变化以及分布压力的追随效应。

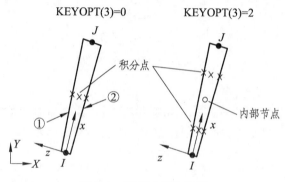

图 8-4　SHELL208 单元

5. SHELL209（3 节点轴对称有限应变壳单元）

SHELL209 是 SHELL208 的高阶单元，每个单元有 3 个节点，如图 8-5 所示。

对轴对称结构，后处理时可在直角坐标系下观察径向应力（SX）和环向应力（SZ）。如果壳厚度的影响是显著的，对轴对称结构应使用 PLANE182 或 PLANE183 单元。

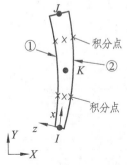

图 8-5　SHELL209 单元

8.2　壳单元的选择

实际工程中常用的 SHELL 单元有 SHELL181、SHELL281。SHELL281 是带中间节点的四边形 SHELL 单元（可以退化为三角形），计算精度比 SHELL181 更高，但由于节点数比后者多，计算量会增大。

对于薄壁结构，最好选用 SHELL 单元而不是 SOLID 单元，SHELL 单元可以减少计算量。如果选 SOLID 单元，薄壁结构承受弯矩时，如果在厚度方向的单元层数太少，有时计算结果误差较大，反而不如 SHELL 单元计算准确。

8.3　门式起重机结构系统有限元分析实例

图 8-6 为 50 t 双梁门式起重机，图 8-7 为其结构简图，图 8-8 是几个主要受力构件主梁、上横梁、下横梁、支腿的截面简图。结构材料为 Q235B，弹性模量 EX=2.1×10^{11} N/m^2，泊松比 PRXY= 0.3，钢材密度 Density =7850 kg/m^3。试分析该结构系统是否满足承载要求。已知 4 个小车轮处的总轮压为 1200 kN，大车运行加速度 $a = 0.357$ m/s^2。

图 8-6　双梁门式起重机

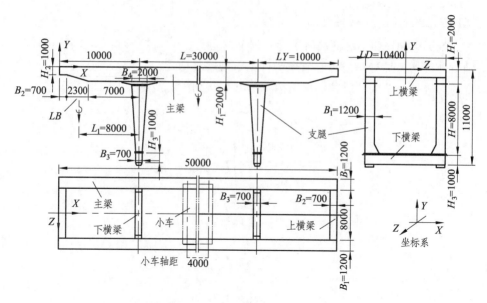

图 8-7　金属结构简图（单位：mm）

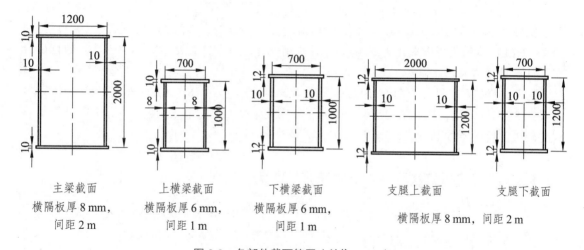

主梁截面 横隔板厚 8 mm， 间距 2 m	上横梁截面 横隔板厚 6 mm， 间距 1 m	下横梁截面 横隔板厚 6 mm， 间距 1 m	支腿上截面	支腿下截面

横隔板厚 8 mm，间距 2 m

图 8-8　各部件截面简图（单位：mm）

建模时将主要结构尺寸定义为参数，以便完成建模生成命令流文件后对其进行重分析或优化设计。尺寸单位：m。建模及分析步骤如下：

1. 改变默认工作路径、定义文件名、定义分析标题

Utility Menu > File > Change Directory…；File > Change Jobname…；File > Change Title…。

2. 定义单元类型：SHELL181 壳单元

Main Menu > Preprocessor > Element Type > Add/Edit/Delete，点击 Add，选择 SHELL 181，点击 OK。

3. 定义材料力学参数

Main Menu > Preprocessor > Material Props > Material Models，Structural > Linear > Elastic > Isotropic，输入弹性模量 EX = 2.1E11，泊松比 PRXY = 0.3，钢材密度 Density = 7850。

4. 定义实常数

定义结构所用板材的厚度,共 0.006、0.008、0.01、0.012 m 四组。Main Menu > Preprocessor > Sections > Shell > Lay-up > Add/Edit,输入厚度,点击 OK。

5. 建　模

(1)定义各尺寸参数。

通过 Utility Menu > Parameters > Scalar Parameter 或在命令输入窗口输入各参数,如图 8-9 所示。跨度 $L = 30$;悬臂长 $LY = 10$;上横梁长 $LD = 10.4$;主梁变截面长度 $LB = 2.3$;支腿高 $H = 8$;主梁高 $H_1 = 2$;主梁宽 $B_1 = 1.2$;上横梁高 $H_2 = 1$;上横梁宽 $B_2 = 0.7$;下横梁高 $H_3 = 1$;下横梁宽 $B_3 = 0.7$;支腿上部宽 $B_4 = 2$。

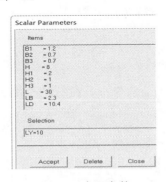

图 8-9　定义参数

(2)创建上横梁。

整体坐标系设置在对称面上,如图 8-7 所示。

① 创建体:Main Menu > Preprocessor > Modeling > Create > Volumes > Block > By 2 Corners & Z,输入:WPx,WPy,Width,Height,Depth(0, 0, B2, -H2, LD/2),点击 OK。Utility Menu > PlotCtrls > Pan,Zoom,Rotate > Iso,显示正等侧视图。

② 删除体,保留体以下的图元:Main Menu > Preprocessor > Modeling > Delete > Volumes Only,选择体,点击 OK。Utility Menu > Plot > Multi-plots,画出所有图元。

③ 显示面号和线号:

Utility Menu > PlotCtrls > Numbering,勾选 LINE、AREA。

④ 创建上横梁内的横隔板:沿 Z 向拷贝 Z = 0 处的面元(图 8-10 中面 A1),Main Menu > Preprocessor > Modeling > Copy > Areas,ITIME = 4,DZ = 1。

(3)创建主梁。

① 沿 Z 负向拷贝 Z = LD/2 = 5.2 m 处的面元(即图 8-10 中面 A2):Main Menu > Preprocessor > Modeling > Copy > Areas,ITIME = 2,DZ = -B1,如图 8-10 所示。

② 分解相交图元:Main Menu > Preprocessor > Modeling > Operate > Booleans > Divide > Area by Line,点 2 次 Pick All。

③ 创建主梁变截面部分:拷贝 y = 0 平面内,位于 x = B2 = 0.7 m、z = 4 ~ 5.2 m 的一条线(即图 8-10 中线 L35)。

Main Menu > Preprocessor > Modeling > Copy > Lines，ITIME = 2，DX = LB；将新生成的这条线（图 8-11 中线 L9）再沿负 Y 向拷贝：Modeling > Copy > Lines，ITIME = 2，DY = -H1，得到图 8-11 中线 L10。

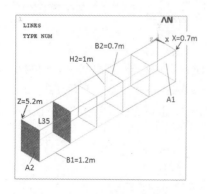

图 8-10　创建端梁及横隔板

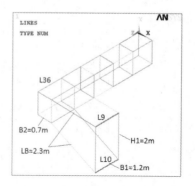

图 8-11　创建主梁变截面部分

顺序连接各点，创建主梁变截面部分的 4 个外表面，以及 $X = B2+LB = 3$ m 处的面元（图 8-11 中线 L9、L10 所在的面）。Main Menu > Preprocessor > Modeling > Create > Areas > Arbitrary > Through KPs。

④ 创建主梁等截面部分。

为建模方便，在支腿中心处创建一辅助面：选择 $x = 0$、$z = 4 \sim 5.2$ m 处主梁上表面的线（即图 8-11 中线 L36），沿 X 正向拷贝：Preprocessor > Modeling > Copy > Lines，ITIME = 2，DX = LY。将拷贝得到的线再向下（-Y 向）拷贝：ITIME=2，DY= -H1；由这两条线的 4 个点创建面：Modeling > Create > Areas > Arbitrary > Through KPs，得到图 8-12 中的面 A32。

将面 A32 向 $X = B4/2$、$X = -B4/2$ 各拷贝 1 次，Modeling > Copy > Areas，分别取 ITIME = 2，DX = B4/2，ITIME = 2，DX = -B4/2，得到支腿上方横隔板（图 8-12 中的面 A33、A34）。将面 A32 再向跨中 L/2 处拷贝：ITIME = 2，DX = L/2，得到图 8-13 中的面 A35。

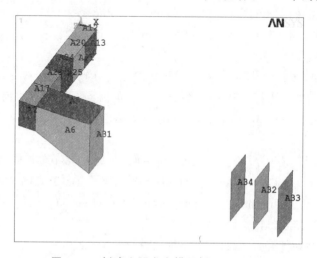

图 8-12　创建支腿上方横隔板 A33、A34

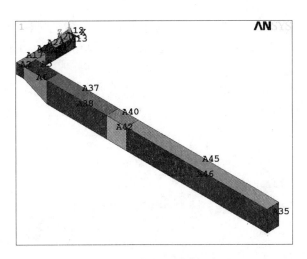

图 8-13　创建主梁等截面部分

删除支腿中心线处的辅助面（图 8-12 中的面 A32）：Preprocessor > Modeling > Delete > Area and Below，选择面，点击 OK。顺序连接各点，创建主梁等截面部分各外表面，见图 8-13。

⑤ 创建主梁内的横隔板：选择 x = 3 m 处的面元（图 8-12 中的面 A31）：Preprocessor > Modeling > Copy > Areas，ITIME = 3，DX = 2。再选择图 8-13 跨中的面元 A35 拷贝出跨内区段的横隔板：ITIME = 7，DX = -2。

⑥ 分割相交图元：Main Menu > Preprocessor > Modeling > Operate > Booleans > Divide > Area by Line，点 2 次 Pick All。

（4）创建变截面支腿。

① 拷贝支腿上端面（Y = -H1 处）面元（图 8-14 中面 A41，该面宽度为 B4）：Modeling > Copy > Areas，ITIME = 2，DY = -H，得到面 A32，将该面边长修整为支腿下端面宽度 B3：Preprocessor > Modeling > Copy > Lines，选择图 8-14 中面 A32 左边线 L53，ITIME = 2，DX = （B4-B3）/2，点击 Apply；再拷贝面元右边边线 L55，ITIME = 2，DX = -（B4-B3）/2，点击 OK。得到线 L73、L74。

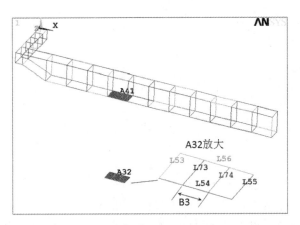

图 8-14　创建支腿下端面

② 分割相交图元并删除多余的面：Modeling > Operate > Booleans > Divide > Area by Line，

选择图 8-14 中面元 A32，点击 OK；再选择两条线 L73、L74，点击 OK，则面元分割为 3 个面。删除两侧面元，只保留宽度为 B3 的面：Preprocessor > Modeling > Delete > Area and Below，选择两侧面，点击 OK。

③ 顺序连接支腿上下端面（A41 与图 8-15 中的面 A38 之间）相应点，生成 4 个表面，如图 8-15 所示。

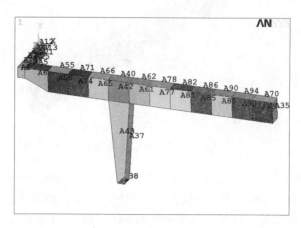

图 8-15　创建支腿外表面

④ 创建支腿内的横隔板：Preprocessor > Modeling > Operate > Booleans > Divide > Line into N Ln's，选择一条支腿边线，点击 OK，分段数 NDIV = 4，点击 Apply。重复此操作，直到支腿 4 条边都被分割。

⑤ 连接支腿边线各分段点，生成 3 个横隔板，即图 8-16 中的面 A44、A45、A46。

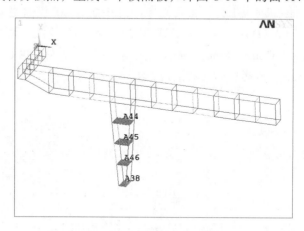

图 8-16　创建支腿横隔板

（5）创建下横梁。

① 向下拷贝图 8-16 中支腿下端面 A38：Modeling > Copy > Areas，ITIME = 2，DY = -H3，点击 OK，得到图 8-17 中的面 A95。顺序连接面 A38 与 A95 之间相应点，生成 4 个侧表面。

② 沿 Z 负向拷贝图 8-17 中的端面 A99：Modeling > Copy > Areas，ITIME = 2，DZ = -LD/2，点击 OK，得到图 8-17 中的面 A100。顺序连接面 A96 与 A100 之间相应点，生成下横梁 4 个表面。

③ 创建下横梁内的横隔板：Preprocessor > Modeling > Copy > Areas，选择面 A100，ITIME = 4，DZ = 1。

（6）分割相交图元。

Preprocessor > Modeling > Operate > Booleans > Divide > Area by Line，单击 Pick All。

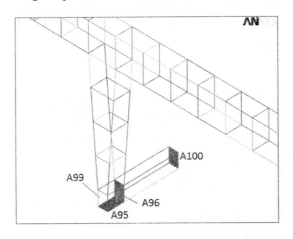

图 8-17　创建下横梁

6. 设置板厚

（1）先设置所有板厚为 3。Main Menu > Preprocessor > Meshing > Mesh Tool，在弹出的 Mesh Tool 对话框第一栏 Element Attributes 中选择 Areas，单击对应按钮 Set，弹出 Area Attributes 对话框，单击 Pick All，选择 Section 项为 3，即将所有面全部设为 0.01 m 的板厚，点击 Apply。

（2）对板厚不是 0.01 m 的板分别选取并重新设其实常数，参考步骤（1）。

7. 创建整体结构

（1）镜像面：Preprocessor > Modeling > Reflect > Areas，单击 Pick All，在弹出的对话框中选择 x-y 平面作为镜像平面，点击 OK。

（2）移动工作平面至结构左右对称面内，并激活工作平面坐标系。

Utility Menu > WorkPlane > Align WP with > Keypoints，选择结构左右对称面（即跨中）上的三点（见图 8-18），点击 OK。激活工作平面 WorkPlane > Change Active CS to > Working Plane。

（3）镜像面：Main Menu > Preprocessor > Modeling > Reflect > Areas，单击 Pick All，选择 x-y 平面，点击 OK。

（4）重新激活整体直角坐标系：Utility Menu > WorkPlane > Change Active CS to > Global Cartesian。

8. 合并重合图元

Main Menu > Preprocessor > Numbering Ctrls > Merge Items，选 Label = Keypoints。

9. 划分网络

Preprocessor > Meshing > MeshTool，在 MeshTool 的第三栏 Size Controls 中单击 Global 对

应的 Set 按钮，输入 SIZE = 0.2，点击 OK。回到 MeshTool 对话框，在第四栏选中 Mapped，单击 Mesh 按钮，在弹出的对话框中选择 Pick All。

10. 施加位移边界条件

Main Menu > Solution > Define Loads > Apply > Structural > Displacement > On Areas，选择下横梁底面两端面的面元，如图 8-19 所示，在面 A95、A357 处约束 X、Y、Z 三个方向的平动自由度，在面 A222、A484 处约束 X、Y 两个方向的平动自由度。

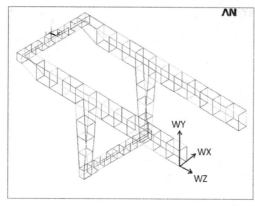

图 8-18　移动工作平面至对称面

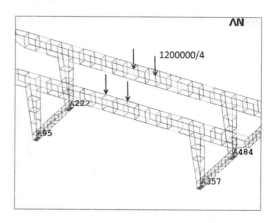

图 8-19　在下横梁底面施加约束

11. 施加载荷

（1）Main Menu > Solution > Define Loads > Apply > Structural > Force/Moment > On Keypoints，选择距跨中中心线左右各 2 m 处的两主梁内侧的 4 个关键点（见图 8-19），FY = -300000（N）。

（2）施加重力加速度及大车运行加速度：Main Menu > Solution > Define Loads > Apply > Structural > Inertia > Gravity > Global，在弹出的对话框中输入 ACELY = 9.8，ACELZ = 0.357，点击 OK。重力加速度用于计算结构自重，运行加速度用于计算水平运行方向的惯性力。

12. 求　解

Main Menu > Solution > Solve > Current LS。

13. 图形显示计算结果

（1）将 ANSYS Toolbar 中的 POWRGRPH 设为 Off。

（2）显示位移及应力等值线图：Main Menu > General PostProc > Plot Results > Contour Plot > Nodal Solu > DOF Solution > Y-Component of displacement，点击 Apply，查看垂直方向位移等值线图，如图 8-20 所示；再选取 Stress > Von Mises Stress，点击 OK。图 8-21 中应力单位已转换为 MPa。

14. 列表显示结果数据

Main Menu > General PostProc > List Results。

（1）列支反力 Reaction Solu。

（2）列位移及应力计算结果 Nodal Solu…。

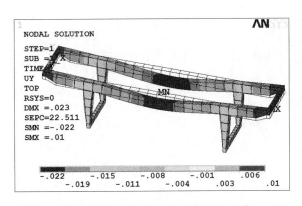

图 8-20　门机结构 Y 向位移等值线图（单位：m）

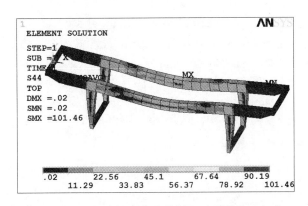

图 8-21　门机结构应力等值线图（单位：MPa）

15. 保存分析过程的日志文件作为重分析的命令流文件

Utility Menu > File > Write DB Log File，选择 write essential commands only 选项。命令流文件可通过 Utility Menu > File > Read Input From 读入。

8.4　塑料凳结构有限元分析实例

8.4.1　GUI 操作步骤

塑料凳结构和主要尺寸如图 8-22 所示。塑料凳板材厚度为 3 mm，材料的弹性模量 $E = 0.2 \times 10^5$ MPa，泊松比为 0.25。试分析塑料凳在其上表面受均布压力 0.15 MPa 时的应力及变形情况。

1. 启动 ANSYS，改变默认工作路径\ 定义文件名\ 分析标题

Utility Menu > File > Change Directory \ Change Jobname \ Change Title。

2. 定义单元类型

Main Menu > Preprocessor > ElementType > Add/Edit/Delete > Add，在打开的对话框中选择 Structural SHELL > Elastic 4node 181，点击 OK，关闭 Element Types 对话框。

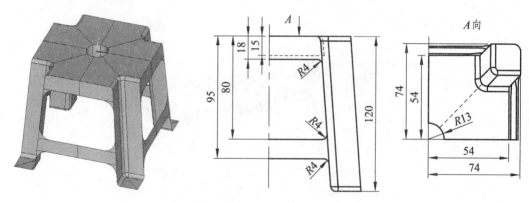

图 8-22　塑料凳结构及主要尺寸（单位：mm）

3. 定义材料属性

Main Menu > Preprocessor > Material Props > Material Models，在 Define Material Models Behavior 中单击 Structural > Linear > Elastic > Isotropic。输入弹性模量 EX = 0.2E5，泊松比 PRXY = 0.25，点击 OK。退出 Define Material Models Behavior 对话框。

4. 定义实常数

Main Menu > Preprocessor > Sections > Shell > Lay-up > Add/Edit，输入厚度 3，点击 OK。

5. 打开关键点及线编号显示开关

Utility Menu > PlotCtrls > Numbering，在弹出的 Plot Numbering Controls 窗口中将 KP、LINE 项设置为 On。

6. 建立胶凳的几何模型

胶凳为对称结构，整体坐标系设置在胶凳上表面中心孔圆心处。可先创建 1/4 模型，即创建第四限内的结构。

（1）创建关键点：Main Menu > Preprocessor > Modeling > Create > KeyPoints > In Active CS，定义关键点 1（0，0，65）、2（41，0，65）、3（65，0，41）、4（65，0，0）、5（50，-120，74）、6（74，-120，50）、7（74，-120，74）、30（0，0，0）。显示模型的正等侧视图。

（2）由关键点创建胶凳的轮廓线：Main Menu > Preprocessor > Modeling > Create Lines > Straight Line，用鼠标拾取关键点（1，2）、（3，4）、（2，5）、（3，6）、（5，7）、（7，6），点击 OK。

（3）创建相交线之间的导角：Main Menu > Preprocessor > Modeling > Create Lines > LineFillet，用鼠标拾取线 L1 及 L3，点击 OK，在弹出的 Line Fillet 对话框中输入 RAD = 4，点击 Apply。用同样的方法在线（L2，L4）、（L3，L5）、（L6，L4）之间创建倒角（RAD = 4）。

（4）创建凳腿。

① 拷贝得到凳腿直角处关键点：Main Menu > Preprocessor > Modeling > Copy > Keypoints，在弹出的 Copy Keypoints 对话框中输入 "9，12"（或直接用鼠标拾取关键点 9 及 12），点击 OK，在弹出的 Copy Keypoints 对话框中输入 DZ =-24，点击 OK，生成关键点 16、17。

② 创建凳腿上、下面的直线：Main Menu > Preprocessor > Modeling > Create Lines > Straight Line，连接关键点（9，16）、（16，11）、（12，17）、（15，17），点击 OK。

③ 创建凳腿直角相交线处的倒角：Main Menu > Preprocessor > Modeling > Create Lines > Line Fillet，拾取线 L11 及 L12，点击 OK。在弹出的 Line Fillet 对话框中输入 RAD = 6，点击 Apply。用同样的方法创建线（L13，L14）、（L5，L6）之间的倒角（RAD = 6）。胶凳部分结构轮廓线如图 8-23 所示。

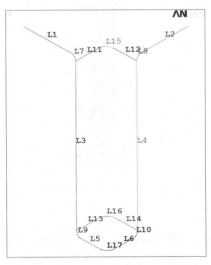

图 8-23　胶凳部分结构轮廓线

（5）拖拉凳腿上、下倒角处的圆弧线生成圆弧面：Main Menu > Preprocessor > Operate > Extrude > Lines > Along Lines，拾取线 L7，点击 OK，再拾取线 L11 及 L15，点击 OK。（重画图元：Utility Menu > Plot > Multi-Plots）用同样的方法将线 L9 沿着线 L13 及 L16 拖拉生成圆弧面。

（6）通过"蒙皮"补全圆弧面：MainMenu > Preprocessor > Modeling > Creat > Areas > Arbitrary > By Skinning，拾取线 L21 和 L8，点击 OK。用同样方法由线 L27 和 L10 蒙皮补全凳腿下部倒角处的圆弧面。

（7）合并重合图元：MainMenu > Preprocessor > Numbering Ctrls > Merge Items，在弹出的对话框中选择 Lable 项中的 Keypoints，点击 OK。

（8）生成凳腿立面：MainMenu > Preprocessor > Modeling > Creat > Areas > Arbitrary > By Skinning，拾取线 L11 和 L13，点击 OK。用同样的方法由线 L15 和 L16，L12 和 L14 蒙皮生成相应面。

（9）生成胶凳顶部面板：MainMenu > Preprocessor > Modeling > Creat > Areas > Arbitrary > Through KPs，顺序拾取关键点（1，30，4，10，26，24，8），点击 OK。

（10）生成凳脚底板：MainMenu > Preprocessor > Modeling > Creat > Areas > Arbitrary > Through KPs，顺序拾取关键点（13，29，32，14，23，22），点击 OK。凳脚底面如图 8-24 所示。

（11）创建胶凳上部裙边关键点：Main Menu > Preprocessor > Modeling > Copy > Keypoints，在弹出的 Copy Keypoints 对话框的文本框中输入关键点号 4（或鼠标拾取点 4），点击 OK，在弹出的 Copy Keypoints 对话框中输入 DX = 1.35，DY=-18，点击 Apply；再拾取关键点 1，点击 OK，输入 DY =-18，DZ =1.35，点击 OK。

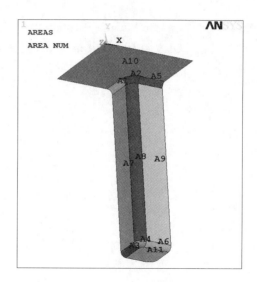

图 8-24　胶凳蒙皮结构

（12）移动并旋转工作平面。

平移工作平面：Utility Menu > WorkPlane > Offset WP to > Keypoints，输入（或鼠标拾取）关键点 25。

将工作平面 *YZ* 面旋转 90°：Utility Menu > WorkPlane > Offset WP by Increments，在打开的 Offset WP 对话框 "XY，YZ，ZX Angles" 中输入 "0，90，0"，点击 OK。

（13）用工作平面分割凳腿直线，得到裙边与凳腿的连接点：Main Menu > Preprocessor > Operate > Booleans > Divide > Line By WrkPlane，拾取凳腿直线 L3 和 L4，点击 OK。

（14）生成胶凳裙边：MainMenu > Preprocessor > Modeling > Creat > Areas > Arbitrary Through KPs，顺序拾取关键点（4，25，31，11，10），点击 Apply，生成面 A12；再顺序拾取点（1，8，9，28，27），点击 OK，生成面 A13。

（15）创建凳腿间连接板的关键点（连接板上的点在裙边竖直线外延线上）。

MainMenu > Preprocessor > Modeling > Creat > Keypoints > KP Between KPs，拾取裙边竖直线关键点（4，25），点击 OK。弹出 KBETween options 对话框，在[KBRT] Value Type 列表中选择 DIST，在[KBET] Value 文本框中输入 80，点击 Apply，生成点 33；再次拾取点（4，25），点击 OK，在弹出的 KBETween options 对话框 [KBRT] Value Type 列表中选择 DIST，在 [KBRT] Value 文本框中输入 95，点击 Apply，生成点 34。在另一侧裙边关键点 1 和 27 之间采用上述同样操作，分别生成外延点 35、36。

（16）平移工作平面：Utility Menu > Work Plane > Offset WP to Keypoints，拾取点 33，点击 OK。

（17）用工作平面分割凳腿直线：Main Menu > Preprocessor > Operate > Booleans > Divide > Line By WrkPlane，拾取凳腿直线 L33、L34，点击 OK。

（18）平移工作平面：Utility Menu > Work Plane > Offset WP to Keypoints，拾取点 34，点击 OK。

（19）分割凳腿直线：Main Menu > Preprocessor > Operate > Booleans > Divide > Line By WrkPlane，拾取线 L38、L33，点击 OK。

（20）生成凳腿之间的连接板：MainMenu > Preprocessor > Modeling > Creat > Areas > Arbitrary > Through KPs，顺序拾取关键点（38，33，34，40），点击 Apply；再顺序拾取点（35，37，39，36），点击 OK。

（21）生成凳腿与裙边及连接板之间的导角：Main Menu > Preprocessor > Modeling > Create Lines > Line Fillet，拾取线 L36 及 L39，点击 OK。在弹出的 Line Fillet 对话框的 RAD 文本框中输入 14，点击 Apply，生成倒角线 L48。用同样的方法创建线（L45，L39）、（L46，L34）、（L35，L40）、（L40，L33）、（L44，L38）之间的倒角（RAD = 14），分别生成倒角线 L51、L54、L57、L60、L63。

（22）生成倒角面：MainMenu > Preprocessor > Modeling > Creat > Areas > Arbitrary > By Lines，拾取线（L48，L49，L50），点击 Apply。采用同样的方法创建其余 5 个倒角面：线（L51，L52，5L3）、（L54，L55，L56）、（L57，L58，L59）、（L60，L61，L62）、（L63，L64，L65），点击 OK。

（23）平移工作平面至整体坐标系原点：Utility Menu > Work Plane > Offset WP to > Global origin。

（24）建立胶凳上表面中心孔。

在圆心处建半径为 13 的圆：MainMenu > Preprocessor > Modeling > Creat > Areas > Circle > Solid Circle，在弹出的 Solid Circular Area 对话框中输入 Radius = 13，点击 OK。

减去创建的圆：Main Menu > Preprocessor > Operate > Booleans > Subtract > Areas，拾取顶面 A10，点击 OK，弹出 Subtract Areas 对话框，再拾取圆面 A22，点击 OK。

（25）创建胶凳顶面内侧加强板。

① 转换工作平面。

先将工作平面 ZX 面旋转 90°：Utility Menu > WorkPlane > Offset WP by Increments，在打开的 Offset WP 对话框 "XY，YZ，ZX Angles" 中输入 "0，0，90"，点击 Apply；再将 YZ 面旋转 45°：在 "XY，YZ，ZX Angles" 中输入 "0，45，0"。

② 用工作平面分割面：Main Menu > Preprocessor > Operate > Booleans > Divide > Area By WrkPlane，在弹出的 Divide Area By WrkPlanes 对话框中单击 Pick All。

③ 创建加强板下边缘点并将工作平面转换至该点：Main Menu > Preprocessor > Modeling > Copy > Keypoints，在弹出的 Copy Keypoints 对话框文本框中输入点编号 59（或拾取点 59，该点位于中心孔圆弧上），点击 OK。在弹出的 Copy Keypoints 对话框中输入 DY = -15，点击 OK，得到点 60。

④ 将工作平面移至点 60 并旋转-90°：Utility Menu > Work Plane > Offset WP to > Keypoints，弹出 Offset WP to Keypoint 对话框，在文本框中输入 60（或直接拾取点 60），点击 OK。

将工作平面 ZX 面旋转-90°：Utility Menu > WorkPlane > Offset WP by Increments，在打开的 Offset WP 对话框 "XY，YZ，ZX Angles" 中输入 "0，0，-90"，点击 OK。

⑤ 分割线：Main Menu > Preprocessor > Operate > Booleans > Divide > Line By WrkPlane，在弹出的 Divide Line By WrkPlanes 对话框的文本框中输入线号 69（或直接拾取凳腿中心线 L69），点击 OK。

⑥ 生成胶凳加强筋：MainMenu > Preprocessor > Modeling > Creat > Areas > Arbitrary > Through KPs，弹出 Creat Areas through KPs 对话框，顺序输入点编号 59、60、61、30、55（或

直接拾取），点击 OK。

（26）创建中心孔圆弧立板 Main Menu > Preprocessor > Operate > Extrude > Lines > Along Lines，弹出 Sweep Lines along Lines 对话框，选择中心孔圆弧线 L81、L83，点击 OK。弹出 Sweep Lines along Lines 对话框，在文本框中输入 17（或直接拾取线 L17），点击 OK，生成中心孔处弧面。

（27）合并重合图元：MainMenu > Preprocessor > Numbering Ctrls > Merge Items，弹出 Merge Coincident or Equivalently Defined Items 对话框，在 Lable 下拉菜单中选择 Keypoints，点击 OK。

至此，胶凳 1/4 几何模型已经建立完成，如图 8-25 所示。

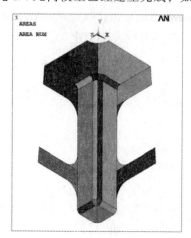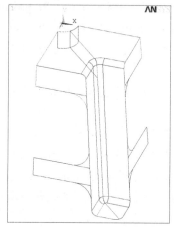

图 8-25　胶凳 1/4 几何模型（分别用面及线显示）

7.　网格划分

（1）设置单元属性：MainMenu > Preprocessor > Meshing > Mesh Tool，弹出图 8-26 所示 Mesh Tool 对话框，在 Element Attributes 下拉框中选择 Areas，单击对应的 Set 按钮，在弹出的对话框中单击 Pick All 按钮，弹出图 8-27 所示 Area Attributes 对话框，确认材料号、实常数号、单元类型号均为 1，点击 OK。

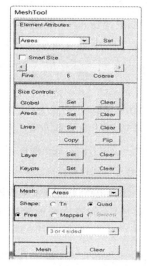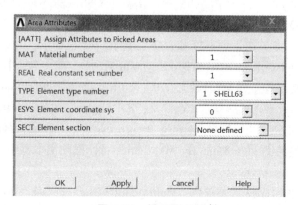

图 8-26　Mesh Tool 对话框　　　　　　　　　　图 8-27　设置面元属性

（2）设置单元尺寸：在图 8-26 的 Mesh Tool 对话框 Size Controls 区域单击 Global 对应的 Set 按钮，弹出 Global Element Sizes 对话框，在 SIZE 文本框中输入单元边长 2，点击 OK。

（3）网格划分：在图 8-26 的 Mesh Tool 对话框 Mesh 对应的下拉菜单中选 Areas 项，Shape 域选择 Quad/Free，单击 Mesh 按钮，弹出 Mesh Areas 对话框，单击 Pick All 按钮。最后生成图 8-28 所示胶凳 1/4 有限元模型。

图 8-28　胶凳 1/4 有限元模型

8. 加载并求解

（1）对称边界线上施加对称约束：MainMenu > Solution > Define loads > Apply > Structural > Displacement > Symmetry B.C > On Lines，弹出 Apply SYMM on Lines 对话框，在文本框中输入线号 37、70、66、85、71、4、43、47（或鼠标拾取），点击 OK。

（2）施加位移约束：MainMenu > Solution > Define load > Apply > Structural > Displacement > On Aears，拾取凳脚底面 28 及 29，点击 OK，在弹出的 Apply U, ROT on Aears 对话框中选择 UX，点击 Apply；再次选择面号 28、29，用同样方法再约束 UY、UZ，点击 OK。

（3）施加胶凳顶面均布面载荷：MainMenu > Solution > Define load > Apply > Structural > Pressure > On Aears，拾取凳顶面 30 及 31，点击 OK。在弹出的 Apply PRES on Areas 对话框中输入 VALUE = 0.15，点击 OK。

（4）求解：Main Menu > Solution > Solve > Current LS。

9. 后处理

（1）设置图形全模式显示：将工具栏 POWRGRPH 设为 OFF。

（2）显示应力等值线图：Main Menu > General Postproc > Plot Results > Contour Plot > Nodal Solu，弹出 Contour Nodal Solution Data 对话框。在列表中单击 Nodal Solution > Stress > Von Mises Stress，点击 OK。图 8-29 所示为第四强度理论应力计算结果。

（3）对模型进行扩展显示：Utility Menu > PlotCtrlts > Style > Symmetry Expansion > UserSpecified Expansion，弹出如图 8-30 所示的 Expansion by values 对话框。按图中设置输入后，点击 OK，生成如图 8-31 所示的胶凳应力云图。

（4）显示位移等值线图：Main Menu > General Postproc > Plot Results > Contour plot > Nodal Solu，弹出 Contour Nodal Solution Data 对话框。在列表中依次单击 Nodal Solution > DOF

Solution > Displacement vector sum 命令，点击 OK。图 8-32 所示为位移等值线图。

图 8-29 第四强度理论应力等值线图

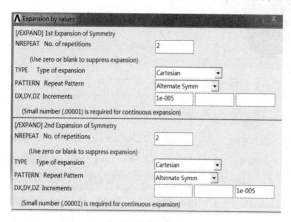

图 8-30 模型扩展显示设置

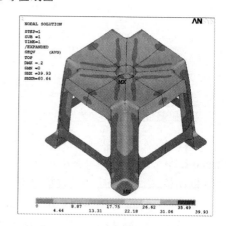

图 8-31 胶凳应力等值线图（单位：MPa）

（5）列表显示应力结果：Utility Menu > List Results > Nodal Solution，弹出 List Nodal Solution 对话框。在列表中依次单击 Nodal Solution > Stress > Von Mises Stress 命令。图 8-33 所示为应力结果列表。

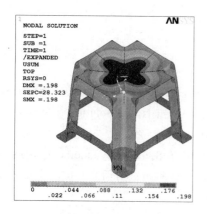

图 8-32 位移等值线图（单位：mm）

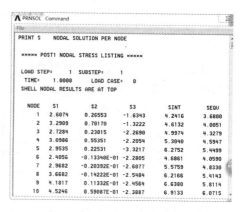

图 8-33 应力结果列表（单位：MPa）

8.4.2　塑料凳结构有限元分析命令流文件

```
/CLEAR
/PREP7
ET,1,SHELL181                           !设置单元类型
MP,EX,1,0.2e5                           !材料
MP,PRXY,1,0.25
R,1,3                                   !实常数
K,1,,,65,                               !创建关键点
K,2,41,,65,
K,3,65,,41,
K,4,65,,,
K,5,50,-120,74,
K,6,74,-120,50,
K,7,74,-120,74,
K,30,,,,
/PNUM,KP,1                              !打开点编号
/PNUM,LINE,1                            !打开线编号
/VIEW,1,1,1,1                           !显示正等轴测视图
L,1,2                                   !连线
L,3,4
L,2,5
L,3,6
L,5,7
L,7,6
LFILLT,1,3,4                            !创建倒角
LFILLT,2,4,4
LFILLT,3,5,4
LFILLT,6,4,4
                                        !创建凳腿
KGEN,2,9,12,3, , ,-24, ,0              !拷贝点
L,9,16                                  !连线
L,16,11
L,12,17
L,15,17
LFILLT,11,12,6                         !倒角
LFILLT,13,14,6
LFILLT,5,6,6
                                        !沿线 11、15 拖拉线 7 生成凳腿上部倒角处圆弧面
```

```
ADRAG,7, , , , , ,11,15
                                !沿线 13、16 拖拉线 9 生成凳腿下部倒角处圆弧面
ADRAG,9, , , , , ,13,16
GPLOT
ASKIN,21,8                      !蒙皮补全圆弧面
ASKIN,27,10
NUMMRG,KP, , ,LOW               !合并重合图元
ASKIN,11,13                     !蒙皮生成凳腿立面
ASKIN,15,16
ASKIN,12,14
A,1,30,4,10,26,24,8             !生成凳顶上表面
A,13,29,32,14,23,22             !生成凳脚底板
                                !生成胶凳上部裙边关系点
KGEN,2,4, , ,1.35,-18, , ,0
KGEN,2,1, , , ,-18,1.35, ,0
                                !移动并旋转工作平面坐标系
KWPAVE, 25
wprot,0,90,0
LSBW,3                          !用工作平面分线
LSBW,4
A,4,25,31,11,10                 !生成裙边
A,1,8,9,28,27
KBETW,4,25,0,DIST,80,           !创建凳腿间连接板的关键点
KBETW,4,25,0,DIST,95,
KBETW,1,27,0,DIST,80,
KBETW,1,27,0,DIST,95,           !平移工作平面并分割凳腿直线
KWPAVE,33
LSBW,33
LSBW,34
KWPAVE,34
LSBW,38
LSBW,33
A,38,33,34,40                   !生成凳腿连接板
A,35,37,39,36
LFILLT,36,39,14                 !创建倒角
LFILLT,45,39,14
LFILLT,46,34,14
LFILLT,35,40,14
```

```
LFILLT,40,33,14
LFILLT,44,38,14
AL,48,49,50                     !创建倒角面
AL,51,52,53
AL,54,55,56
AL,57,58,59
AL,60,61,62
AL,63,64,65
WPAVE,0,0,0                     !移动工作平面到整体坐标系原点
CYL4, , ,13                     !建圆
ASBA,10,22                      !减去圆,创建中心孔
                                !转换工作平面至45°分割相应面以创建凳顶面内侧加强板

wprot,0,0,90
wprot,0,45
ASBW,ALL                        !分割所有面
KGEN,2,59, , , ,-15             !拷贝中心孔圆弧点创建加强板下边缘点
KWPAVE,60                       !移动工作平面
wprot,0,0,-90                   !旋转 WP
LSBW,        69                 !分割凳腿中心线
A,59,60, 61,30,55               !创建加强板
ADRAG,81,83, , , , ,17          !拖拉生成中心圆弧立面
NUMMRG,KP, , , ,LOW             !合并重合项
                                !网格划分

ESIZE,2,0,                      !定义网格尺寸 2 mm
MSHAPE,0,2D
MSHKEY,0
AMESH,ALL
FINISH
/SOL
                                !加载
LSEL,S,LOC,X,0,0                !选择对称面上的线
LSEL,A,LOC,Z,0,0
DL,ALL, ,SYMM                   !加对称约束
ASEL,S, , ,28,29,1              !选择凳脚底面
DA,ALL,UX,                      !加凳脚底面约束
DA,ALL,UY,
DA,ALL,UZ,
ASEL,S,LOC,Y,0.0                !选择凳顶面
```

```
SFA,ALL,1,PRES,0.15                    !加面力 0.15
ALLSEL,ALL                             !选择所有图元
SOLVE                                  !求解
/POST1
/GRAPHICS,FULL                         !设置图形全模式显示
                                       !扩展模型
/EXPAND,2,RECT,HALF,0.00001,
,,2,RECT,HALF,,,0.00001, ,RECT,
FULL,,,,
/EFACET,1
PLNSOL, S,EQV, 0,1.0                   !画应力等值线图
/REPLOT
```

第9章　梁/杆结构有限元分析

9.1　常用 LINK 单元的特性

杆单元可以模拟桁架、绳索、铰链及弹簧等结构。杆的主要变形为轴向变形，杆单元不能承受弯矩。常用杆单元为 LINK180。

LINK180 为三维有限应变杆单元，适用于各类工程中的杆结构，根据具体情况，该单元可以被看作桁架单元、索单元、链杆单元或弹簧单元等。LINK180 单元有 2 个节点，每个节点有 3 个平动自由度：沿节点坐标系 x、y、z 方向的平动。单元坐标系的 X 轴方向由节点 I 指向节点 J，如图 9-1 所示。

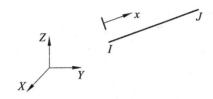

图 9-1　LINK180 单元示意图

该单元具有塑性、蠕变、旋转、大变形和大应变功能，支持弹性、各向同性强化塑性、随动强化塑性、Hill 各向异性强化、Chaboche 非线性强化塑性和蠕变。

在高版本 ANSYS 中，LINK180 的截面积不再是通过实常数添加，而是在截面属性中添加，其 GUI 操作为：Main Menu > Preprocessor > Sections > Link > Add，弹出如图 9-2 所示的添加截面属性选项卡，输入截面名称和截面积，Tension Key 下拉选项默认为拉压选项，可根据具体情况选择拉仅受拉或仅受压。使用仅受拉选项时，如果单元受压，刚度就消失，以此来模拟缆索的松弛或链条的松弛。

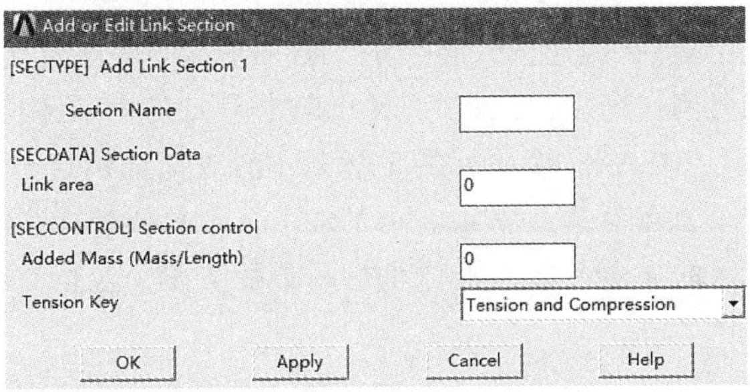

⚠ Add or Edit Link Section	
[SECTYPE]　Add Link Section 1	
Section Name	
[SECDATA] Section Data	
Link area	0
[SECCONTROL] Section control	
Added Mass (Mass/Length)	0
Tension Key	Tension and Compression ▾
OK　　　　Apply　　　　Cancel　　　　Help	

图 9-2　LINK180 截面属性选项卡

建模时，杆单元用线来表示，并且实际结构中的一根杆件，只能作为一个杆单元。

在 General Postproc 中可以直接得到各节点的位移值和约束处的支反力，但杆件的内力及应力需要利用定义单元表（ETABLE）的方法获得：Main Menu > General Postproc > Element Table > Define Table > Add > By sequence num，其主要选项见表 9-1。可以通过 General Postproc > Element Table > Plot Elem Table/List Elem Table 查看单元表中的数据。

表 9-1　LINK 单元常用输出选项

SMISC，1	杆件轴向力 F_X
LS，1	杆件轴向应力 σ（$=F_X/A$）
LEPEL，1	杆件轴向应变 ε

9.2　常用 BEAM 单元的特性

梁单元可以模拟支柱和横梁、纵梁等细长结构，即可以承受轴向力、横向力和弯矩的构件。常用梁单元有 BEAM188（线性）、BEAM189（2 次）等。

1. BEAM188

BEAM188 是三维线性有限应变梁单元。该单元基于铁木辛柯梁理论，考虑了剪切变形的影响。每个单元有 2 个节点（见图 9-3），每个节点有 6 或 7 个自由度，自由度数取决于因子 KEYOPT(1)，当 KEYOPT(1)=0（缺省），有 6 个自由度：节点坐标系 x、y、z 方向的平动和绕 x、y、z 轴的转动；当 KEYOPT(1)=1，应考虑第 7 个自由度（横截面的翘曲）。该单元适合于线性、大角度转动和/或非线性大应变问题。

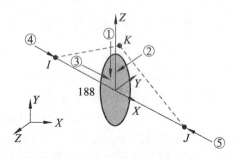

图 9-3　BEAM188 单元示意图

BEAM188 最大的特点是支持梁截面形状显示，同时也能由用户定义任意的截面形状。BEAM188 不需要定义实常数，但建模时必须定义截面形状，程序自动计算截面特性参数，默认截面的水平、垂直轴分别作为 Y、Z 轴，Y 轴正向水平向右。单元坐标系的 X 轴由节点 I 指向节点 J，如图 9-4 所示。BEAM188 单元的坐标系 Y 轴方向的确定方法为：

（1）如果只给了 2 个节点参数，那么单元 Y 轴平行于总体坐标系的 X-Y 平面。

（2）如果单元坐标系的 X 轴平行于整体坐标系下的 Z 轴（包括 0.01%的偏差在内），单元 Y 轴平行于总体坐标系的 Y 轴。

（3）可以通过给定 θ 角或第 3 节点（K 点）的方法来控制单元的方向，如果两者同时给定，则以 K 点的控制为准。K 点一经给出就意味着定义了一个由 I、J、K 三点定义的平面且该平面包含了单元坐标的 X 与 Z 轴。Y 轴方向由右手坐标系确定。

在划分网格前必须为每一根梁指定方向点，方向点用来确定梁截面的方向。

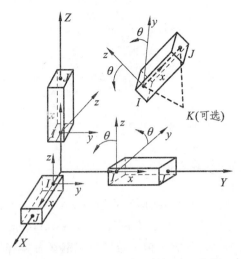

图 9-4　BEAM188 单元坐标系示意图

BEAM188 单元的计算结果在 General Postproc 中可查看到节点位移值、支反力值、单元轴向正应力 SXX 及两个方向的剪应力 SXZ、SXY，主应力 S1、S2、S3 及 stress intensity、stress equivalent，其他计算结果（如截面内力等）需通过定义单元表获得。其主要选项见表 9-2。

表 9-2　BEAM188 单元常用输出选项

项目说明	项目符号	节点 I	节点 J
轴向力 Fx	SMISC	1	14
绕单元坐标系 Y 轴（梁截面水平轴）的力矩 MY	SMISC	2	15
绕单元坐标系 Z 轴（梁截面垂直轴）的力矩 MZ	SMISC	3	16
绕单元坐标系 X 轴的扭矩 TQ	SMISC	4	17
沿单元坐标系 Z 轴的剪力 SFz	SMISC	5	18
沿单元坐标系 Y 轴的剪力 SFy	SMISC	6	19
轴向应力 SDIR（轴向力 FX 引起的应力）	SMISC	31	36
绕单元 Z 轴弯矩 MZ 引起的单元 Y 轴左右边缘处应力			
SByT（+Y side）= -Mz * ymax/Izz	SMISC	32	37
SByB（-Y side）= -Mz * ymin/Izz	SMISC	33	38
绕单元 Y 轴弯矩 MY 引起的单元 Z 轴上下边缘处应力			
SBzT（+Z side）= My * zmax/Iyy	SMISC	34	39
SBzB（-Z side）= My * zmin/Iyy	SMISC	35	40

2. BEAM189

BEAM189 是三维二次有限应变梁单元，每个单元有 3 个节点（见图 9-5），其余特性同 BEAM188。

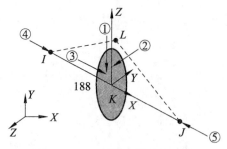

图 9-5　BEAM189 单元示意图

9.3　桁架结构有限元分析实例

三角形断面悬臂桁架结构示意图和结构尺寸如图 9-6 所示。在端部承受共 40 kN 的载荷，上弦采用 $\Phi50$ 的圆钢，下弦采用矩形截面方钢管 80 mm×100 mm×6 mm（高×宽×壁厚），空间斜腹杆所用钢管为 $\Phi50×5$，下水平桁架腹杆所用钢管为 $\Phi40×4$，材料均为 Q345B。试分析该桁架的应力及变形情况。

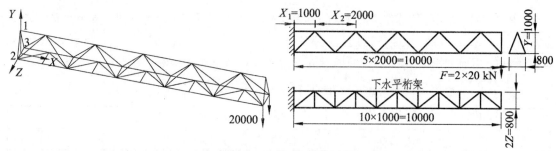

图 9-6　三角形断面悬臂桁架结构示意图和结构尺寸（单位：mm）

建模时上、下弦采用梁单元 BEAM188，所有腹杆采用杆单元 LINK180。整体坐标系位置见图 9-6，分析步骤如下：

1．定义文件名

Utility Menu > File > Change Jobname。

2．定义参数

将图 9-6 中主要结构尺寸等用参数表示。Utility Menu > Parameters > Scalar Parameter，在弹出的对话框 Selection 文本框中输入 X1 = 1000，点击 Accept，继续输入 X2 = 2000，Y = 1000，Z = 400，PI = 3.14159，A1 = 706.858，A2 = 452.389。（A1 为空间斜腹杆截面积，A2 为下水平桁架腹杆截面积）

3．定义单元类型

Preprocessor > Element Type > Add/Edit/Delete，单元类型 1：BEAM188；单元类型 2：LINK180。

4．定义 BEAM188 截面形状

Preprocessor > Sections > Beam > Common Sections，定义上弦截面（ID = 1）和下弦截面（ID = 2）。

5. 定义 LINK180 截面积

Preprocessor > Sections > Link > Add，在弹出的 Add Link Section 窗口中输入 ID = 3，点击 OK，在弹出的对话框中输入 Link area= A1，点击 Apply；在弹出的对话框中输入 ID = 4，点击 OK，输入 Link area= A2，点击 OK。

6. 定义材料力学参数

Main Menu > Preprocessor > Material Props > Material Models，Structural > Linear > Elastic > Isotropic，弹性模量 EX = 2.1e5，泊松比 PRXY = 0.3，Density = 7.85e-6。

7. 创建几何模型

（1）创建根部 3 个关键点：Main Menu > Preprocessor > Modeling > Create > Keypoints > In Actice CS，定义关键点 1（0，Y，0）、2（0，0，Z）、3（0，0，$-Z$）。显示正等侧视图。

（2）Main Menu > Preprocessor > Modeling > Create > Lines > Straight Line，连接点 1-2、1-3、2-3。

（3）显示点号、线号：Utility Menu > PlotCtrls > Numbering，勾选 KP、LINE。

（4）显示所有图元：Utility Menu > Plot > Multi-Plots。

（5）拷贝线：Main Menu > Preprocessor > Modeling > Copy > Lines，选择水平线 L3（见图 9-7），点击 OK，输入 ITIME = 3，DX = X1。

（6）拷贝点：Main Menu > Preprocessor > Modeling > Copy > Keypoints，选择顶点 1，点击 OK，输入 ITIME = 2，DX = X1。

（7）连线：Main Menu > Preprocessor > Modeling > Create > Lines > Straight Line，连接点 1-8、2-8、3-8、2-5、5-7、3-4、4-6、2-4、4-7、8-6、8-7，点击 OK，如图 9-7 所示。

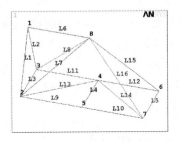

图 9-7　连接根部各条线图

（8）拷贝线：Main Menu > Preprocessor > Modeling > Copy > Lines，参考图 9-7，选择除线 L1、L2、L3、L6 外的所有其余 12 条线，点击 OK，输入 ITIME = 5，DX = X2，点击 OK。

（9）连上弦 4 条线：Main Menu > Preprocessor > Modeling > Create > Lines > Straight Line，连接点 8-14、14-21、21-28、28-35，点击 OK，如图 9-8 所示。

（10）拷贝端部上弦点 35（ITIME = 2，DX = X1）得到点 37，如图 9-8 所示，连接生成端部 3 条线。

8. 合并重合图元

Main Menu > Preprocessor > Numbering Ctrls > Merge Items，选 Label = Keypoints。

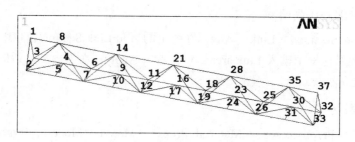

图 9-8　桁架几何模型

9. 定义线的属性、划分网格

（1）Preprocessor > Meshing > MeshTool，在 Element Attributes 的下拉列表中选 Lines，单击 Set，选择上弦杆 6 条线，点击 OK，在弹出的对话框中设置单元类型号 TYPE =1 BEAM188 及截面 SECT = 1，点击 Apply；继续选择下水平桁架弦杆共 20 条线，将截面 SECT = 2 赋给下弦杆。重复上述操作，将单元类型 2 LINK180 及 SECT = 3 赋给空间斜腹杆，将单元类型 2 LINK180 及 SECT = 4 赋给下水平桁架腹杆。

（2）Main Menu > Preprocessor > Meshing > MeshTool，在 MeshTool 的第三栏 Size Controls 中单击 Lines 对应的 Set 按钮，选择 Pick All，输入 NDIV = 1，点击 OK，回到 MeshTool 对话框，单击 Mesh，选择 Pick All。

10. 加载及约束

（1）加约束：Main Menu > Solution > Define Loads > Apply > Structural > Displacement > On Keypoints，拾取悬臂根部关键点 1、2、3，点击 OK，在弹出的对话框中选择 All DOF（约束所有自由度），点击 OK。

（2）加载荷：Main Menu > Solution > Define Loads > Apply > Structural > Force/Moment > On Keypoints，拾取端部下弦 2 个关键点，FY = -20000。

（3）施加重力加速度：Main Menu > Solution > Define Loads > Apply > Structural > Inertia > Gravity > Global，在弹出的对话框中输入 ACELY = 9.8。

11. 求　解

Main Menu > Solution > Solve > Current LS。

12. 查看计算结果

（1）查看变形值、支反力值（图形显示/列表显示变形结果、支反力）。

Main Menu > General PostProc > Plot Results > Deformed Shape，变形图见图 9-9；Main Menu > General Postproc > List Results > Reaction Solu。

（2）打开单元形状开关查看 BEAM188 单元应力计算结果。

Utility Menu > PlotCtrls > Style > Size and Shape，将[/EAHAPE]设置为 On。

画应力等值线图：Main Menu > General PostProc > Plot Results > Contour Plot > Nodal Solu > Stress > Von Mises Stress，点击 OK。应力等值线图如图 9-10 所示（仅能显示 BEAM188 单元应力）。

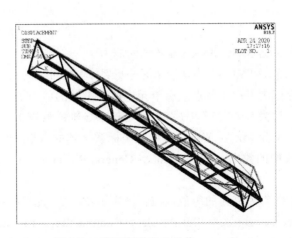

图 9-9　桁架变形图（单位：mm）

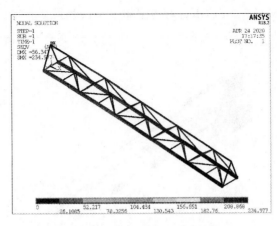

图 9-10　应力等值线图（单位：MPa）

（3）通过单元表查看轴向应力、节点最大应力、节点内力等。

① 关闭单元形状开关：Utility Menu > PlotCtrls > Style > Size and Shape，将[/EAHAPE]设置为 Off。

② 定义单元表：Main Menu > General Postproc > Element Table > Define Table，在弹出的对话框中单击 Add，出现图 9-11 所示对话框，在 Lab 中输入用户标记的名称，在 Item，Comp Results data item 项左侧框选择 By sequence num，右侧框选择需要查看的项目符号（如应力或内力），项目符号说明见帮助文件或表 9-2。

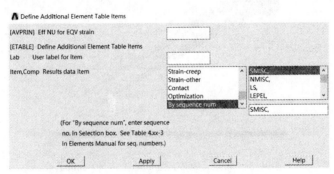

图 9-11　利用单元表定义梁、杆单元应力

定义以下项目：

LS，1　　　　标记为 SX（LINK180 的轴向应力）

SMISC，6　　标记为 FYI（节点 I 沿单元坐标系 Y 轴的剪力）

SMISC，19　 标记为 FYJ（节点 J 沿单元坐标系 Y 轴的剪力）

SMISC，3　　标记为 MZI（节点 I 绕单元坐标系 Z 轴的弯矩）

SMISC，16　 标记为 MZJ（节点 J 绕单元坐标系 Z 轴的弯矩）

③ 列表显示单元表中的数据：Main Menu > General Postproc > Element Table > List Elem Table。

（4）显示线单元数据作为单元的等值区域：画弯矩图、剪力图等。

Main Menu > General Postproc > Plot Results > Contour Plot > Line Elem Res，在弹出的对话框中选择 LabI = FYI，LabJ = FYJ，点击 OK，剪力图如图 9-12 所示。在弹出的对话框中选择 LabI = MZI，LabJ = MZJ，点击 OK，弯矩图如图 9-13 所示。

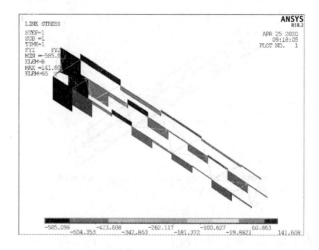

图 9-12　剪力（FY）图（单位：N）

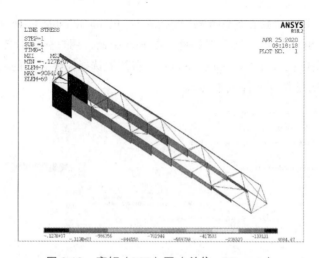

图 9-13　弯矩（MZ）图（单位：N·mm）

9.4　钢架结构有限元分析实例

某钢架结构各杆件均采用槽钢截面，尺寸如图 9-14 所示。顶面四个杆件（L2，L5，L7，L8）的中点各受到向下的集中力 5000 N。试分析该结构的应力及变形情况。因杆件截面为非对称，故采用 BEAM188 单元进行分析。

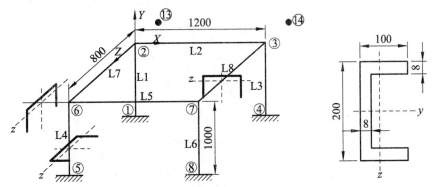

图 9-14　钢架结构计算简图（单位：mm）

分析步骤如下：

1．定义文件名

Utility Menu：File→Change Jobname。

2．定义单元类型

Preprocessor→Element Type→Add/Edit/Delete，BEAM188。

3．定义材料力学参数

Preprocessor > Material Props > Material Models，Structural > Linear > Elastic > Isotropic，输入 EX = 2.1e5，PRXY = 0.3。

4．定义 BEAM188 截面形状

Preprocessor > Sections > Beam > Common Sections，在弹出的窗口中按图 9-15 设置，点击 OK。

5．创建几何模型（整体坐标系见图 9-14）

（1）创建关键点：Main Menu > Preprocessor > Modeling > Create > Keypoints > In Actice CS，定义关键点 1（0，0，0）、2（0，1000，0）、3（1200，1000，0）、4（1200，0，0）。

（2）打开关键点号及线号：Utility Menu > PlotCtrls > Numbering，KP = On；LINE = On。

（3）连线 Main Menu > Preprocessor > Modeling > Create > Lines > Straight Line，连接点 1-2、2-3、3-4，生成 3 条线。

（4）拷贝线：Main Menu > Preprocessor > Modeling > Copy > Lines，选择所有线 Pick All，沿 Z 正向拷贝，ITIME = 2，DZ = 800，点击 OK，显示正等侧视图。

（5）连线：Preprocessor > Modeling > Create > Lines > Straight Line，连接点 2-6、3-7，点击 OK。

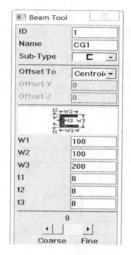

图 9-15　定义槽钢截面

（6）线分段：Main Menu > Preprocessor > Modeling > Operate > Booleans > Divide > Line into N Ln's，依次选择上平面四条水平线 L2、L5、L7、L8，分段数 NDIV = 2，创建集中载荷作用点 9、10、11、12。

6. 划分网格

（1）打开线方向开关：Utility Menu > PlotCtrls > Symbols，在打开的对话框中将 LDIR Line direction 设为 on。或者使用命令：/Psymb, Ldir, 1，也可显示线方向。

（2）创建方向点：沿 Z 负方向拷贝点 2、3 任一距离，作为 4 条竖直线和顺 X 轴方向几条线的方向点。Preprocessor > Modeling > Copy > Keypoints，选择点 2、3，ITIME = 2，DZ = -300，得到点 13、14（见图 9-16）。

（3）定义线的属性：Main Menu > Preprocessor > Meshing > MeshTool，在 Element Attributes 的下拉列表中选 Lines，单击 Set，选择 $X = 0$ 的 2 条竖直线（L1、L4）及上平面与总体坐标 X 轴平行的线（L2、L9，L5、L10），点击 OK，进入 Line Attributes 窗口，将单元类型编号 1 BEAM188、单元截面号 1 CG1 赋给选中的线。勾选 Pick Orientation Keypoint（s）选项成为 Yes，点击 OK，用鼠标拾取方向点即关键点 13，点击 Apply。继续选择 $X = 1200$ 的两条竖直线（L3、L6），点击 OK，点击 Apply，选择关键点 14，点击 OK。如图 9-16 所示。

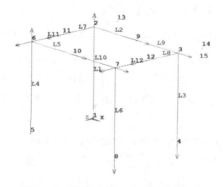

图 9-16　关键点号、线号及线方向

与总体坐标 Z 轴平行的几条线（L7、L11，L8、L12），其单元 Z 轴沿总体 X 轴方向，故将关键点 3 沿 X 轴正向 copy 一定距离，ITIME = 2，DX = 300 得到关键点 15，以点 15 作为这几条直线的方向点，操作同上。

（4）定义单元边长：Main Menu > Preprocessor > Meshing > MeshTool，在 MeshTool 的第三栏 Size Controls 中单击 Lines 对应的 Set 按钮，选择 Pick All，输入单元边长 SIZE = 200，点击 OK，回到 MeshTool 对话框，单击 Mesh，单击 Pick All。

（5）打开单元形状开关：Utility Menu > PlotCtrls > Style > Size and Shape，将[/ESHAPE]设置为 On。查看截面朝向是否正确。槽钢各杆件单元显示如图 9-17 所示。

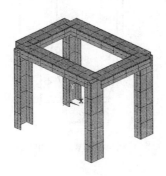

图 9-17　槽钢单元

7. 加载及约束

（1）加约束：Main Menu > Solution > Define Loads > Apply > Structural > Displacement > On Keypoints，拾取底部 Y = 0 处的 4 个关键点 1、4、5、8，选择 All DOF，点击 OK。

（2）加载荷：Main Menu > Solution > Define Loads > Apply > Structural > Force/Moment > On Keypoints，拾取上水平面 4 条线中间的关键点 9、10、11、12，点击 OK，输入 FY = −5000。

8. 求　解

Main Menu > Solution > Solve > Current LS。

9. 查看结果

（1）查看变形值、支反力值（图形显示/列表显示变形结果、支反力）：Main Menu > General PostProc > Plot Results/List Results。

（2）查看 BEAM188 各项计算应力：Main Menu > General Postproc > List Resuts > Element Solution。

（3）定义单元表查看 BEAM188 梁截面轴向力、弯矩、剪力、应力等：Main Menu > General Postproc > Element Table > Define Table > Add，By sequence num，项目符号说明见帮助文件或表 9-2。

（4）列表显示单元表中的数据：Main Menu > General Postproc > Element Table > List Elem Table。

（5）等值线图显示单元表中的数据：Main Menu > General Postproc > Element Table > Plot Elem Table。

（6）显示线单元数据作为单元的等值区域（画弯矩图、剪力图等）：Main Menu > General Postproc > Plot Results > Contour Plot > Line Elem Res。

9.5　定制 BEAM188/189 单元的用户化截面

例：定制图 9-18 所示用户截面。

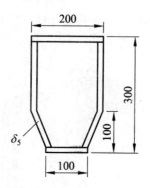

图 9-18　用户定制截面（单位：mm）

参考建模步骤：

（1）创建图中各面元并粘接（Glue）。

（2）设置单元尺寸：Preprocessor > Meshing > MeshTool，在 MeshTool 的第三栏 Size Controls 中单击 Lines 对应的 Set 键，设置单元尺寸。

（3）将该截面写为一个网格文件：Preprocessor > Sections > Beam > Custom Sectns > Write From Areas，单击 Pick All 拾取所有面。选择存储目录并给出文件名。

（4）在需要该截面的 ANSYS 文件中读入该截面网格文件：Preprocessor > Sections > Beam > Custom Sectns > Read Sect Mesh。

第 10 章　ANSYS 动力学分析

静力分析适用于静载荷或载荷变化较为平稳的情况，其平衡方程为

$$[K]\{x\} = \{F\} \qquad (10\text{-}1)$$

当载荷随时间变化非常迅速，惯性力 $[M]\{\ddot{x}\}$ 或阻尼力 $[C]\{\dot{x}\}$ 大到一定的程度，必须考虑在力平衡方程里时，结构必须进行动力分析。动力学分析的通用运动方程为

$$[M]\{\ddot{x}\} + [C]\{\dot{x}\} + [K]\{x\} = \{F(t)\} \qquad (10\text{-}2)$$

式中，$[M]$ 为结构质量矩阵；$[C]$ 为结构阻尼矩阵；$[K]$ 为结构刚度矩阵；$\{F\}$ 为随时间变化的载荷函数向量；$\{x\}$ 为节点位移矢量；$\{\dot{x}\}$ 为节点速度矢量；$\{\ddot{x}\}$ 为节点加速度矢量。

如果载荷在相对长的一段时间内是常数，选择静力分析，否则选择动力分析；保守而言，将静力分析及动力分析各做一次，当两次分析的结果差异在 5%以内，表示动力效应是可以忽略的。一般而言，如果激励载荷的频率小于结构最低自然频率（基频）的 1/3，可以不考虑动力效应，进行静力分析即可。

ANSYS 动力学分析主要包括模态分析、谐响应分析、瞬态动力学分析、谱分析等。进行动力学分析时，非线性因素（大变形、接触、塑性等）仅在完全瞬态动力学分析中允许使用；在所有其他动力学类型中（如模态分析、谐波分析、谱分析以及简化的模态叠加瞬态分析等），非线性问题均被忽略。

● 对于模态分析：设定 $F(t)=0$，而矩阵 $[C]$ 通常被忽略。

● 对于谐响应分析：假设 $F(t)$ 和 $x(t)$ 都是谐函数，形式如 $X\sin(\omega t)$，其中 X 是振幅，ω 是单位为弧度/秒的频率。

● 对于瞬态动力学分析，方程保持式（10-2）的形式。

动力学问题的求解方法主要有两类：

（1）模态叠加法：确定结构的固有频率和模态，乘以正则化坐标，然后加起来用以计算位移解。该方法可以用来处理瞬态动力学分析和谐响应分析。

（2）直接积分法：直接求解运动方程。在谐响应分析中，因为载荷和响应都假定为谐函数，所以运动方程用以干扰频率的函数而不是时间的函数的形式写出并求解的。对于瞬态动力学，运动方程保持为时间的函数，并且可以通过显示或隐式的方法求解。

10.1　模态分析

振动现象是机械及建筑结构系统经常遇到的问题之一，振动会造成结构的共振或结构疲

劳而破坏。了解结构的固有振动频率及振型，避免外力频率和结构的固有频率相同或接近，可以防止共振发生。模态分析一般用于确定结构的固有振动特性，即频率响应和振型。

模态分析属于线性分析，即在模态分析中只有线性行为是有效的。如果在分析中指定了非线性单元，在计算中将被忽略并做线性处理。ANSYS 可以对有预应力的结构进行模态分析。典型的模态分析中唯一有效的"载荷"是零位移约束。

进行模态分析时，结构应看成是不受外力作用的自由振动系统，其控制方程为

$$[M]\{\ddot{x}\} + [C]\{\dot{x}\} + [K]\{x\} = \{0\} \tag{10-3}$$

由于阻尼对结构的固有频率和振型影响不大，所以可以按无阻尼自由振动情况求解固有频率和振型。无阻尼自由振动方程为

$$[M]\{\ddot{x}\} + [K]\{x\} = \{0\} \tag{10-4}$$

弹性体的自由振动可以分解为一系列简谐振动的叠加。假设结构作简谐振动，则方程（10-4）的解可以表示为

$$\{x\} = \{\varphi\}\sin(\omega t + \theta) \tag{10-5}$$

式中，ω 为角频率；θ 为初相角；$\{\varphi\}$ 为非零振幅列阵。将式（10-5）代入式（10-4）整理后得

$$([K] - \omega^2[M])\{\varphi\} = \{0\} \tag{10-6}$$

式（10-6）称为广义特征值方程，根据 $\{\varphi\}$ 非零可得

$$\det([K] - \omega^2[M]) = 0 \tag{10-7}$$

求解式（10-7）可得到结构的 n 阶固有频率 $\omega_1, \omega_2, \omega_3, \cdots, \omega_n$，将固有频率 ω_i 代入式（10-6）可求得对应的非零向量 $\{\varphi_i\}$，结构的自然频率 $f_i = \omega_i/2\pi$。ω_i^2，$\{\varphi_i\}$ 称为特征对，分别为系统的特征值和特征向量。特征向量 $\{\varphi_i\}$ 代表各个坐标在以频率 ω_i 作简谐振动时各个坐标幅值的相对大小，即振型。

模态分析的作用：

（1）使得结构在工作时避免共振现象而造成的破坏；

（2）利用结构共振现象，以最少的能量输入得到最大的振动效果，如共振筛；

（3）自然振动频率可以代表一个结构的整体刚度，不同的振动形状所对应的频率代表该变形下的刚度数值，依此可以评估整体结构所需要加强的部位和可以减重的部位；

（4）自然振动频率往往是其他进一步动力分析（如瞬态动力学分析、谐响应分析）的必要参考值，如谐响应分析中，关心接近自然振动频率时，结构响应的放大倍数，所以必须先知道自然振动频率的值。

10.1.1　ANSYS 七种模态提取方法

ANSYS 提供了七种模态提取方法，不同的计算方法在计算速度、计算精度等方面有一定差别。七种模态提取方法为：

（1）Block Lanczos（分块 Lanczos 法）。

（2）Subspace（子空间迭代法）。

（3）Powerdynamics（快速动力法）。

（4）Reduced（缩减法）。

（5）Unsymmetric（非对称法）。

（6）Damped（阻尼法）。

（7）QR Damped（QR 阻尼法）。

其中，Reduced 法需要定义主自由度。

10.1.2　质量单元及弹簧-阻尼器单元

1. MASS21

MASS21 质量单元是由单个节点构成的点单元，如图 10-1 所示。单元有 6 个自由度：沿节点坐标系 x、y、z 方向的平动和绕 x、y、z 轴的转动。单元的每个坐标方向上都可以施加质量和转动惯量。

2. COMBIN14（Spring-Damper）

COMBIN14 弹簧-阻尼器单元，用于模拟纵向拉压或扭转弹簧，并可同时考虑阻尼的作用。每个单元有两个节点，如图 10-2 所示。轴向弹簧-阻尼器选项[KEYOPT(3)= 0]对应为单轴拉压单元，在每个节点上至多有 3 个平动自由度，即 3 个位移（UX，UY，UZ）。扭转弹簧-阻尼器选项[KEYOPT(3)= 1]对应单纯的抗扭单元，在每个节点上有 3 个转动自由度，即 3 个转角（ROTX，ROTY，ROTZ）。

对所有的弹簧单元，在划分线网格时必须严格控制线上的单元份数，一条线划分为 2 个 COMBIN14 单元相当于 2 个弹簧阻尼器串联，3 个单元则 3 个串联，依此类推。所以，应正确设置线上的单元数。

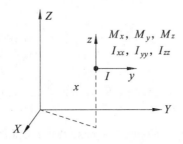

图 10-1　MASS21 单元示意图

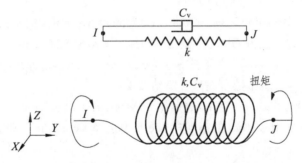

图 10-2　COMBIN14 单元示意图

COMBIN14 单元的实常数包括弹簧刚度 K 及阻尼系数 C_v，如果是静态分析或无阻尼的模态分析，则不需考虑阻尼系数。

10.1.3　弹簧质量单自由度系统模态分析

弹簧质量系统如图 10-3 所示。已知：弹簧拉压刚度 $K = 100$ N/m，质量 $M = 25$ kg。

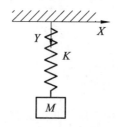

图 10-3　弹簧质量系统

分析步骤：

1．定义文件名

Utility Menu > File > Change Jobname…。

2．定义单元类型

Main Menu > Preprocessor > Element Type > Add/Edit/Delete。

（1）定义单元类型 1 MASS21：在单元类型窗口左框中选择 Structural Mass，右框选择 3D mass 21。

（2）定义单元类型 2 COMBIN14：在单元类型窗口左框中选择 Combination，右框选择 Spring-Damper 14。注：单元选项 K3 缺省为拉压弹簧。

3．定义实常数

为 MASS21 单元定义实常数 1：MASSY = 25；为 COMBIN14 单元定义实常数 2：K = 100。

4．创建几何模型

（1）Preprocessor > Modeling > Create > Keypoints > In Actice CS，定义关键点 1（0，0，0），2（0，-1，0）。

（2）Preprocessor > Modeling > Create > Lines > Straight Line，连接点 1-2，生成线 L1。

5．定义单元属性、划分单元网格

（1）Preprocessor > Meshing > MeshTool，在 Element Attributes 的下拉列表中选 KeyPoints，单击 Set，选择关键点 2，点击 OK，将单元类型编号 1 MASS21 及实常数组编号 1 赋给该点；同样，在 Element Attributes 的下拉列表中选 Lines，单击 Set，选择线 L1，点击 OK，将单元类型编号 2 COMBIN14 及实常数组编号 2 赋给线 L1。

（2）划分单元：Main Menu > Preprocessor > Meshing > MeshTool。

① 划分点单元：在 MeshTool 的第四栏 Mesh 中选择 KeyPoints，单击 Mesh，拾取关键点 2，点击 OK。

② 设置线单元划分数并划分单元：在 MeshTool 的第三栏 Size Controls 中单击 Lines 对应

的 Set 按钮，选择线 L1，点击 OK，在弹出的设置单元尺寸对话框中输入 NDIV = 1，点击 OK，回到 MeshTool 对话框，单击 $\boxed{\text{Mesh}}$，选择线 L1，点击 OK。

6. 加约束

对关键点 1 施加固定支承边界条件：Main Menu > Solution > Define Loads > Apply > Structural > Displacement > On Keypoints，拾取关键点 1，点击 OK，约束 All DOF，点击 Apply。

7. 求解（执行模态分析）

（1）选择模态分析类型：Main Menu > Solution > Analysis Type > New Analysis，选中 Modal，点击 OK。

（2）设置模态分析选项：Main Menu > Solution > Analysis Type > Analysis Options，在 Modal Analysis 对话框中设置下列选项：

① 模态提取方法：Mode extraction method 中选择 Block Lanczos。

② 提取的模态数：No. of modes to extract 指定为 1。

③ 进行模态扩展计算：Expand mode shapes 设置为 Yes。

④ 扩展的模态数：No. of modes to expand 指定为 1。

其他选项接受缺省值，点击 OK，弹出 Block Lanczos 模态提取方法对话框，全部选择缺省，点击 OK。

（3）执行求解：Main Menu > Solution > Solve > Current LS，忽略警告信息。

8. 查看计算结果

（1）列出固有频率：Main Menu > General PostProc > Results Summary。

（2）读入第一阶模态结果：Main Menu > General PostProc > Read Results > First Set。

（3）制作第一阶模态动画：Utility Menu > PlotCtrls > Animate > Mode Shape。

在弹出的 Animate Mode Shape 对话框中设置下列选项：

No. of frames to create = 10，Time delay（seconds）= 0.1，Display Type 为 Deformed Shape。

10.1.4　模型飞机机翼的模态分析

模型飞机机翼尺寸如图 10-4 所示。已知：弹性模量 EX = 2.62×10^8 N/m²，泊松比 PRXY = 0.3，材料密度 Density = 920 kg/m³（聚乙烯材料）。

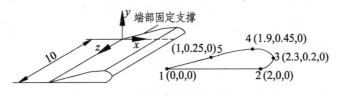

图 10-4　飞机机翼模型（单位：m）

1. 定义文件名

Utility Menu > File > Change Jobname…。

2. 定义单元类型

Main Menu > Preprocessor > Element Type > Add/Edit/Delete，定义单元类型 1 为 PLANE183，

定义单元类型 2 为 SOLID186。

3. 定义材料力学参数

Preprocessor > Material Props > Material Models，Structural > Linear > Elastic > Isotropic，输入 EX = 2.62E8，PRXY = 0.3，Density = 920。

4. 创建几何模型

（1）定义关键点：Main Menu > Preprocessor > Modeling > Create > Keypoints > In Actice CS，输入关键点 1（0，0，0）、2（2，0，0）、3（2.3，0.2，0）、4（1.9，0.45，0）、5（1，0.25，0）。

（2）绘出两条直线：Preprocessor > Modeling > Create > Lines > Straight Line，连接点 1-2、5-1。

（3）用样条曲线绘曲线部分：Modeling > Create > Lines > Splines > With Options > Spline thru KPs，按顺序选中点 2、3、4、5，点击 OK，在弹出的窗口中输入：XV1，YV1，ZV1 =（-1，0，0）；XV6，YV6，ZV6 =（-1，-0.25，0）。

（4）创建面元：Preprocessor > Modeling > Create > Areas > Arbitrary > By lines，拾取所有线，点击 OK。

5. 定义面元网格密度、划分面元网格

Preprocessor > Meshing > MeshTool，在 MeshTool 的第三栏 Size Controls 中单击 Global 对应的 Set 按钮，设置单元边长 SIZE = 0.1，点击 OK，回到 MeshTool 对话框，单击 Mesh，选择面元，划分网格。

6. 定义体元网格密度、将面元网格嵌入体元中

（1）设置单元划分数：Main Menu > Preprocessor > Meshing > MeshTool，在 MeshTool 的第三栏 Size Controls 中单击 Global 对应的 Set 按钮，设置单元划分数 NDIV = 10，取消 SIZE = 0.1，点击 OK。

（2）设置体元默认属性：Main Menu > Preprocessor > Meshing > Mesh Attributes > Default Attribs，在弹出的菜单中选择单元类型为 2 SOLID186，点击 OK。

（3）将面拖拉成体：Preprocessor > Modeling > Operate > Extrude > Areas > By XYZ Offset，选择面，点击 OK，输入 DX，DY，DZ =（0，0，10），点击 OK。显示正等侧视图。

（4）取消 PLANE183 单元的选定：Utility Menu > Select > Entities，在弹出的 Select Entities 对话框中选择 Elements 和 By Attributes，将 Elem type num 选项设为打开状态。在 Min，Max，Inc 中输入 1，选中 Unselet 选项，点击 OK。

7. 施加约束

Main Menu > Solution > Define Loads > Apply > Structural > Displacement > On Areas，拾取 Z = 0 的面，约束 All DOF。

8. 求解（执行模态分析）

（1）选择模态分析类型：Main Menu > Solution > Analysis Type > New Analysis，选中 Modal，点击 OK。

（2）设置模态分析选项：Main Menu > Solution > Analysis Type > Analysis Options，设置

下列选项：

①模态提取方法：Mode extraction method 中选择 Subspace。

②提取的模态数：No. of modes to extract 指定为 10。

③进行模态扩展计算：Expand mode shapes 设置为 Yes，其他选项接受缺省值，点击 OK。

（3）执行求解：Main Menu > Solution > Solve > Current LS。

9．查看计算结果

（1）列出固有频率：Main Menu > General PostProc > Results Summary。

（2）读入第一阶模态结果：Main Menu > General PostProc > Read Results > First Set。

（3）绘制第一阶模态振型图：Main Menu > General PostProc > Plot Results > Deformed Shape。

（4）制作第一阶模态动画：Utility Menu > PlotCtrls > Animate > Mode Shape。

在弹出的 Animate Mode Shape 对话框中设置下列选项：

No. of frames to create = 10，Time delay（seconds）= 0.1，Display Type 为 Deformed Shape。

（5）读入第二阶模态结果：Main Menu > General PostProc > Read Results > Next Set。

（6）制作第二阶模态动画：Utility Menu > PlotCtrls > Animate > Mode Shape。重复步骤（2）~（4），观察其余模态。

10.2　谐响应分析

10.2.1　谐响应分析简介

谐响应分析主要用于分析结构在持续的简谐载荷作用下，结构系统中产生的周期响应。谐响应分析的控制方程为

$$[M]\{\ddot{x}\} + [C]\{\dot{x}\} + [K]\{x\} = \{F\sin(\omega t + \varphi)\} \tag{10-8}$$

谐响应分析可得到结构位移（或应力、应变等）随频率变化的幅频曲线。通过动力响应随频率变化规律可以了解结构的动力工作性能，以此作为判断结构能否避免共振的参考依据，同时也可以利用共振的有利方面，对结构进行优化。谐响应分析只计算结构的稳态受迫振动，而不考虑发生在激励开始时的瞬态响应（见图 10-5）。谐响应分析是一种线性分析，任何非线性特性都会被忽略，但可以分析有预应力的结构。

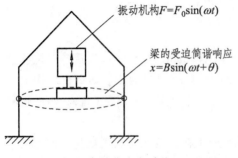

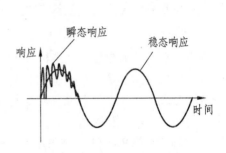

（a）典型谐响应系统　　　　　　　　　（b）结构的瞬态和稳态动力学响应

图 10-5　典型谐响应系统及结构动力学响应

10.2.2 谐响应分析步骤

谐响应分析步骤主要包括建模、加载及求解、观察结果（后处理）。

1. 建立模型

同静力分析。如果在分析中指定了非线性单元，计算中将被忽略并被作为线性处理。

2. 加载并求解

（1）指定谐响应分析：Main Menu > Solution > Analysis Type > New Analysis > Harmonic。

（2）指定求解方法：Main Menu > Solution > Analysis Type > Analysis Options，有 3 种求解方法供选择：Full、Reduced、Mode Superposition。对 Full 法，需选择方程求解器；对 Reduced 法，需定义主自由度；对 Mode Superposition 法，则必须是已进行了模态分析。

设置 DOF printout format：即自由度解的输出形式，选择位移以实部、虚部的形式输出，或以幅值、相位角的形式输出。

（3）加载：指定一个完整的简谐载荷 $F = F_0 \sin(\omega t + \phi)$ 需要输入 3 条信息：Amplitude（幅值 F_0）、Phase angle（相位角 φ）、forcing frequency range（强制频率范围 ω）及子步数。幅值及相位角不能直接指定，通过输入载荷的实部（real）及虚部（imag）的值由程序自动计算（见图 10-6）。

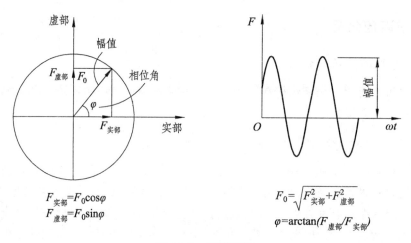

图 10-6 简谐载荷

（4）加载方式：Stepped Or Ramped B.C，即阶跃加载或斜坡加载。

3. 观察结果（后处理）

谐响应分析的结果被保存在结构分析结果文件 Jobname.RST 中，包括节点位移及单元应力、应变等，所有这些数据在对应的强制频率处按谐响应规律变化。如果在结构中定义了阻尼，响应将与载荷异步，所有结果将是复数形式的，并以实部和虚部存储。如果施加的是异步载荷，同样也会产生复数结果。

可在 POST26 和 POST1 中观察结果。POST1 用于在指定频率点观察整个模型的结果，而 POST26 用于观察在整个频率范围内模型中指定点处的结果。

10.2.3　电动机系统谐响应分析实例

图 10-7 是一个"工作台-电动机"系统，当电动机工作时由于转子偏心引起电动机发生简谐振动，这时电动机的旋转偏心载荷是一个简谐激励，计算系统在该激励下结构的响应。要求计算频率间隔为 15/100= 0.15 Hz 的所有解，以得到满意的响应曲线，并用 POST26 绘制幅值对频率的关系曲线。

已知：电动机质量 M = 100 kg（质量中心距工作台面 0.1 m）；简谐激励：F_x = 100 N，F_y = 100 N，F_y 与 F_x 落后 90°相位角；频率范围：0 ~ 15 Hz；工作台材料的弹性模量 E=2.1×10^{11} N/m²，泊松比 PRXY = 0.3，密度 Density =7.85×10^3 kg/m³。

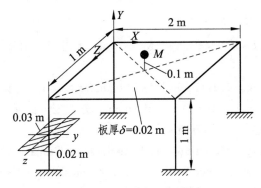

图 10-7　谐响应分析实例

分析步骤：

1．定义文件名及分析标题

Utility Menu > File > Change Jobname。

2．定义单元类型

Preprocessor > ElementType > Add/Edit/Delete > Add，定义单元类型 1 为 SHELL181，单元类型 2 为 BEAM188，单元类型 3 为 MASS21。

3．定义实常数和截面

Preprocessor > Real Constants > Add/Edit/Delete，为 MASS21 单元定义实常数 1：输入质量 MASSY = 100。

Preprocessor > Sections > Shell > Lay-up > Add/Edit，输入 ID=1，为 SHELL181 单元定义面板厚度 0.02，点击 OK。

Preprocessor > Sections > Beam > Common Sections，设置 BEAM188 单元的矩形截面，ID=2，尺寸为 0.02*0.03。

4．定义材料力学参数

Preprocessor > Material Props > Material Models，EX = 2.1 E11，PRXY = 0.3，Density = 7850。

5．创建几何模型

（1）创建关键点：Preprocessor > Modeling > Create > Keypoints > In Actice CS，定义关键

点 1（0，0，0）、2（2，0，0）、3（2，0，1）、4（0，0，1），点击 OK。

显示正等侧视图：Utiluty Menu：PlotCtrls > Pan，Zoom，Rotate > Iso。

（2）创建面：Preprocessor > Modeling > Create > Areas > Arbitrary > Through KPs，连接点 1-2-3-4。

（3）沿 Y 负向 Copy 所有点，Preprocessor > Modeling > Copy > Keypoints，ITIME = 2，DY= −1。

（4）创建线：Preprocessor > Modeling > Create > Lines > Straight Line，连接点 1-5、2-6、3-7、4-8。

6. 划分网格

（1）定义网格密度、划分面元网格。

Main Menu > Preprocessor > Meshing > MeshTool，单击 Global 对应的 Set 按钮，输入单元边长 SIZE = 0.1，点击 OK。

Preprocessor > Meshing > MeshTool > Meh Attributes > Global，设置 Element Type Number 为 1 Shell181，设置 Section Number 为 1，用 Mapped 方式划分面元。

（2）设置梁单元默认属性，划分线单元。

Preprocessor > Meshing > MeshTool > Meh Attributes > Global，设置 Element Type Number 为 2 BEAM188，设置 Section Number 为 2，点击 OK。在 MeshTool 的第四栏 Mesh 中选择 Lines，单击 Mesh 按钮，拾取工作台的四条腿即线 L5、L6、L7、L8，点击 OK。

（3）创建质量单元处的节点：Preprocessor > Modeling > Create > Nodes > In Actice CS，输入节点号及坐标为：300（1，0.1，0.5），作为电机质心位置。

（4）设置质量单元默认属性：Preprocessor > Meshing > Mesh Attributes > Default Attribs，选择单元类型 3 MASS21，实常数 1。

（5）创建质量单元：Modeling > Create > Elements > Auto Numbered > Thru Nodes，输入节点号 300。

7. 指定刚性区域

Preprocessor > Coupling/Ceqn > Rigid Region，输入节点号 300 作为主节点，点击 OK，再拾取节点 136、138、154、156 作为从属节点，点击 OK，在弹出的菜单中保持默认设置，点击 OK。

8. 施加约束

Main Menu > Solution > Define Loads > Apply > Structural > Displacement > On Keypoints，拾取 Y =−1 处的 4 个关键点 5、6、7、8，约束所有自由度，All DOF，点击 OK。

9. 设置谐响应分析

（1）选择谐响应分析：Main Menu > Solution > Analysis Type > New Analysis，选中 Harmonic，点击 OK。

（2）设置谐响应分析选项：Main Menu > Solution > Analysis Type > Analysis Options，设置下列选项：求解方法选择 Full 法，自由度输出格式选择 Amplitud+Phase，在弹出的菜单中保持默认选项，点击 OK。

（3）指定谐响应频率范围：Main Menu > Solution > Load Step Opts > Time/Frequenc > Freq and Substps，输入频率范围 0 ~ 15，子步数 100，选中加载方式为 Stepped，点击 OK。

（4）阻尼：Solution > Load Step Opts > Time/Frequenc > Damping，输入 Mass matrix multiplier = 5。

10. 施加载荷

Solution > Define Loads > Apply > Structural > Force/Moment > On Nodes，输入节点号 300，点击 OK。选 FX，Real part of force/mom 中输入 100，点击 Apply；再选节点 300，点击 OK，选 FY，Imag part of force/mom = 100，点击 OK。

11. 求解（执行谐响应分析）

Solution > Solve > Current LS。

12. POST26 观察结果（节点 300 的位移时间历程结果）

（1）定义变量：Main Menu: TimeHist Postproc > Define Variables > Add，接受默认选项 Nodal DOF Result，点击 OK，拾取节点 300，点击 OK，选择数据项 UX，点击 OK。重复上述过程，将 UY、UZ 也加入变量表中。

（2）图形显示结果：TimeHist Postproc > Graph Variables，输入需绘制历程图的变量参考号 2、3、4（分别代表 UX、UY、UZ），查看各曲线峰值出现的位置。曲线如图 10-8 所示。

（3）列表显示结果：TimeHist Postproc > List Variables，输入需列出历程数据的变量参考号 2、3、4。

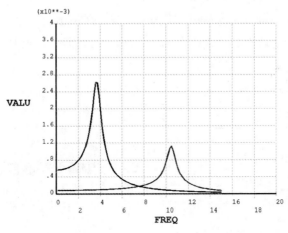

图 10-8　节点 300 在 X、Y、Z 方向的位移响应曲线

13. POST1 观察结果

在 POST1 中观察某一频率处的位移、应力等响应。

10.3 瞬态动力学分析

10.3.1 瞬态动力学分析简介

瞬态动力学分析也称时间历程分析，用于确定在任意随时间变化载荷作用下结构的动力响应。瞬态动力响应分析的一般意义的动力学方程如式（10-2）所示，求解该方程的方法可以分为直接积分法（direct integration）和模态叠加法（mode superposition）两大类。直接积分法分成隐式算法（implicit）及显式算法（explicit）两类，而隐式算法又可分成完全法和缩减法，模态叠加法也可以分成完全法和缩减法。

瞬态动力学分析的三种方法（同谐响应分析）：Full、Reduced、Mode Superposition，其求解过程和步骤与谐响应分析基本相似，但应注意以下几点：

（1）用 Full 法求解时可以使用线性和非线性单元。

（2）用 Reduced 法时只可加位移、力和平移加速度。力和非零位移只能加在主自由度处。

（3）网格应当细到足以确定感兴趣的最高振型。若想包含非线性，网格应细到能捕捉到非线性效果。

10.3.2　瞬态动力学分析求解选项

ANSYS 瞬态动力分析的主要步骤：

（1）模型建立和网格划分（前处理）。

（2）建立初始条件。

ANSYS 中可以施加三种初始条件：初始位移、初始速度和初始加速度。

GUI：Main Menu > Solution > Define Loads > Apply > Initial Condit'n > Define。

（3）设定求解器及其参数。

该步骤中可以设置求解器和其他参数，如求解选项、非线性选项和高级非线性选项。

GUI：Main Menu > Solution > Analysis Type > Sol'n Control。

瞬态动力学分析的求解控制选项如图 10-9 所示，主要需要设置 Basic 选项。

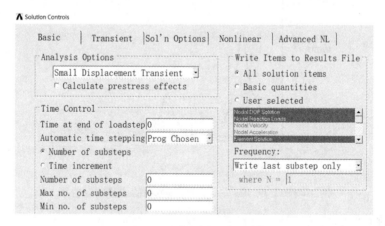

图 10-9　求解控制选项卡

Time Control 选项指定载荷步的终止时间和一个载荷步中需用的子步数。子步数可以通过不同的方法确定：第一种是直接指定载荷子步数，由 Number of substeps 文本框的输入决定；第二种是指定步长，由 Time step size 文本框的输入决定，ANSYS 程序根据整个载荷步的长度计算出子步数。

Automatic time stepping（自动时间步），缺省为 Prog Chosen（程序选择）。激活此选项时，

ANSYS 自动计算每个子步结束时最优的时间步。此选项的作用也是为了确定载荷子步数，可以指定最大和最小载荷子步数或者最长和最短时间步长对此选项进行控制。

Write Item to Results File（结果文件输出项目）控制区中一般选择 All solution items（所有求解条目）以将所有求解的内容全部输出（Main Menu > Solution > Load Step Opts > Output Ctrls 也可以定义求解内容的输出控制，这两者是等效的）。

在 Frequency（频率点）输出区域中一般选择 write every substep（输出所有子步）。

（4）设定求解的其他选项参数。

该步骤中可以设置应力刚化效应、牛顿-拉普森选项、蠕变选项、输出控制等，另外还包括预应力、阻尼和质量阵。

① 预应力影响：ANSYS 中允许包含预应力。

GUI：Main Menu>Solution>Unabridged Menu>Analysis Type>Analysis Options。

② 阻尼选项：在使用 Full 法的瞬态分析中，只有结构阻尼和模态阻尼无效；在使用振型叠加法的瞬态分析中，各种阻尼均有效。

10.3.3 瞬态动力学分析实例

板梁结构的工作台（见图 10-10）上表面施加随时间变化的均布压力（见图 10-11），计算该系统的瞬态响应（用 FULL 法）。已知：材料为 Q235 钢，弹性模量为 $E=2\times10^{11}\,\mathrm{N/m^2}$，泊松比 $\mu=0.3$，密度 $\rho=7.8\times10^3\,\mathrm{kg/m^3}$。模型由工作台面（SHELL181）和四条支撑（BEAM188）构成，用函数边界条件加载。

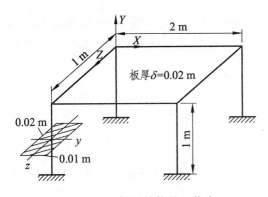

图 10-10 板梁结构的工作台

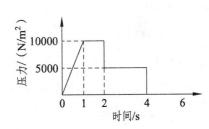

图 10-11 随时间变化的均布压力

1. 定义文件名

Utility Menu > File > Change Jobname…。

2. 定义单元类型

Preprocessor > Element Type > Add/Edit/Delete，单元类型 1 为 SHELL181，单元类型 2 为 BEAM188。

3. 定义截面

Preprocessor > Sections > Shell > Lay-up > Add/Edit，输入 ID=1，面板厚度 0.02，点击 OK。

Preprocessor > Sections > Beam > Common Sections，设置 BEAM188 单元的矩形截面，ID=2，尺寸为 0.01*0.02。

4. 定义材料力学参数

弹性模量 EX= 2E11，泊松比 PRXY= 0.3，密度 DENS= 7800。

5. 创建几何模型

（1）创建关键点 1（0，0，0）、2（2，0，0）、3（2，0，1）、4（0，0，1）。

（2）创建面：Preprocessor > Modeling > Create > Areas > Arbitrary，顺序连接关键点 1-2-3-4，点击 OK。

（3）沿 Y 负向 Copy 所有点，Preprocessor > Modeling > Copy > Keypoints，ITIME = 2，DY= -1。

（4）创建线：Preprocessor > Modeling > Create > Lines > Straight Line，连接点 1-5、2-6、3-7、4-8。

6. 划分网格

（1）定义网格密度、划分面元网格。

Preprocessor > Meshing > MeshTool > Meh Attributes > Global，设置 Element Type Number 为 1 Shell181，设置 Section Number 为 1，在 MeshTool 中设置单元边长 SIZE = 0.1，用 Mapped 方式划分面元。

（2）设置梁单元默认属性，划分线单元。

Preprocessor > Meshing > MeshTool > Meh Attributes > Global，设置 Element Type Number 为 2 BEAM188，设置 Section Number 为 2，点击 OK。在 MeshTool 中划分线 L5、L6、L7、L8，点击 OK。

7. 施加约束

约束 Y=-1 处的 4 个关键点即点 5、6、7、8，选择 All DOF，点击 OK。

8. 指定瞬态分析并选择分析方法

Main Menu > Solution > Analysis Type > New Analysis，选中 Transient，点击 OK，再选择 Full 法。

9. 设置瞬态分析基本选项

Solution > Analysis Type > Sol'n Control，选择 Basic 页面，该页面参数及设置如下（见图 10-12 ）：

（1）在 Analysis Option 分析选项中指定：Small Displacement Transient。

（2）在 Time Control 选项中指定：Time at end of loadstep = 6；Automatic time stepping = On。选中单选项⊙Time increment，并设置相应时间步长：

Time step size dt = 0.2；Minimum time step = 0.05；Maximum time step = 0.5。

（3）在 Write Items to Results File 的[Frequency]处选择 Write every substep。

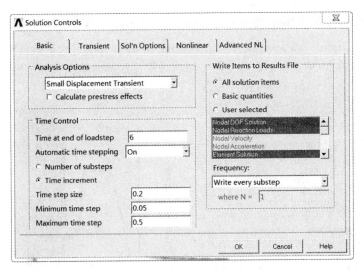

图 10-12　瞬态分析设置

10. 定义并加载函数载荷

（1）进入函数编辑器：Utility Menu > Parameters > Functions > Define/Edit，选择多值函数，变量名取为 T，并指定基本变量为 TIME，如图 10-13 所示。

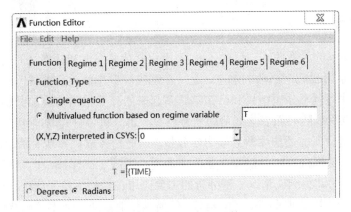

图 10-13　设置多值函数

（2）定义各时间段载荷。

Regime1：$0 \leqslant T \leqslant 1$，Result $= 10000*$TIME；Regime2：$1 < T \leqslant 2$，Result $= 10000$；

Regime3：$2 < T \leqslant 4$，Result $= 5000$；Regime4：$4 < T \leqslant 6$，Result $= 0$。

保存函数文件为"PRESS1"并退出。

（3）加载函数：Utility Menu > Parameters > Functions > Read from file，选择文件 PRESS1，并给出表名 P1。

（4）施加载荷：Solution > Define Loads > Apply > Structural > Pressure > On Areas，选中面，点击 OK，选择[SFA]为 Existing table，点击 OK，在出现的对话框中选择 P1。

11. 求　解

Solution > Solve > Current LS。

12. 进入 POST26 观察结果

Main Menu > TimeHist Postpro，在弹出的 Time History Variables 对话框中增加节点 146 的位移 UY、应力 SEQV、速度 VY 等变量，用曲线图显示其时间历程，如图 10-14、图 10-15 所示。

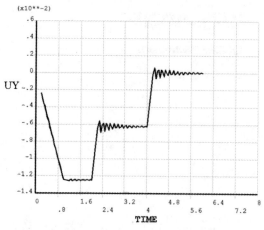

图 10-14　Y 向位移响应曲线

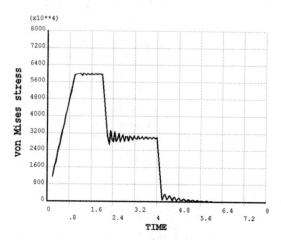

图 10-15　应力响应曲线

10.4　谱分析

谱是谱值和频率的关系曲线，反映了时间-历程载荷的强度和频率之间的关系。响应谱代表系统对一个时间-历程载荷函数的响应，是一个响应和频率的关系曲线。

谱分析是一种将模态分析结果和已知谱联系起来的计算结构响应的分析方法，主要用于确定结构对随机载荷或随时间变化载荷的动力响应。谱分析可分为时间-历程分析和频域的谱分析。时间-历程谱分析主要应用瞬态动力学分析。谱分析可以代替费时的时间-历程分析，主要用于确定结构对随机载荷或时间变化载荷（地震、风载、海洋波浪、喷气发动机推力、火箭发动机振动等）的动力响应情况。谱分析的主要应用包括核电站（建筑和部件）、机载电子设备（飞机/导弹）、宇宙飞船部件、飞机构件、任何承受地震或其他不规则载荷的结构或构件、建筑框架和桥梁等。

功率谱密度（Power Spectrum Density）：是结构在随机动态载荷激励下响应的统计结果，是一条功率谱密度值-频率值的关系曲线，其中 PSD 可以是位移 PSD、速度 PSD、加速度 PSD、力 PSD 等形式。数学上，PSD-频率关系曲线下面的面积就是方差，即响应标准偏差的平方值。

ANSYS 谱分析分为 3 种类型：

（1）响应谱分析（SPRS OR MPRS）。

ANSYS 响应谱分为单点响应谱和多点响应谱，前者指在模型的一个点集（不局限于一个点）定义一条响应谱，后者指在模型的多个点集定义多条响应谱。

（2）动力设计分析（DDAM）。

动力分析设计是一种用于分析船舶装备抗震性的技术。

（3）随机振动分析（PSD）。

随机振动分析主要用于确定结构在具有随机性质的载荷作用下的响应。与响应谱分析类似，随机振动分析也可以是单点的或多点的。在单点随机振动分析时，要求在结构的一个点集上指定一个 PSD；在多点随机振动分析时，则要求在模型的不同点集上指定不同的 PSD。

10.4.1　单点响应谱分析

单点响应谱分析基本步骤为：建立模型、求得模态解、求得谱解、扩展模态、合并模态、观察结果。

1．模型的建立

只允许线性行为，任何非线性特性均作为线性处理，即非线性行为无效。

2．计算模态解

结构的固有频率和模态振型是谱分析所必需的数据，在进行谱分析求解前需要先计算模态解。进行模态分析只能用 subspace、Reduced 法和 black lanczos 法，且所提取的模态数应足以表征在感兴趣的频率范围内结构所具有的响应；如果采用 GUI 菜单操作，在模态设置对话框打开了 Expand mode shapes 选项，将在模态分析中进行扩展操作，否则扩展操作将在谱分析求解之后进行（即模态扩展可在模态求解过程中实施，也可在谱分析以后单独扩展）；有材料相关的阻尼必须在模态分析中定义；对于地震谱必须在施加激励谱的位置添加自由度约束；对于力/压力谱，必须在模态分析时加载。

3．谱分析求解

（1）设置谱分析选项。

指定分析类型为 single-pt resp（单点响应谱）；指定 no.of models for solu（模态扩展数）；如果需要计算单元应力，打开 Calculate elem stresses 选项。

（2）设置激励谱选项。

Type of response spectrum　响应谱的类型：Seismic displac 位移，Seismic velocity 速度，Seismic accel 加速度，Force spectrum 力（force amplitude multipliers），PSD 等；除了力谱之外，其余的都可以表示地震谱，即它们都假定作用于基础上，即有约束的节点上；力谱作用于没有约束的节点；PSD 施加在非基础节点上，ANSYS 不推荐在 SPRS 中使用 PSD 分析。

Excitation direction　设置激励谱方向，通过 3 个坐标分量确定。

（3）定义激励谱的谱值-谱线关系曲线（freq 和 sv），设置阻尼并求解。

4．扩展模态

只选择有明显意义的模态进行扩展；扩展后才能合并；选择应力计算。

5．合并模态

合并模态前要重新进入 ANSYS 求解器。

（1）指定分析选项为 Spectrum。

（2）选择模态合并方法 Mode Combination Method：CQC 法、GRP 法、DSUM 法、SRSS 法、NRLSUM 法；Type of output 指定输出结果类型：位移 disp（位移、应力、载荷等），速度 velo（速度、应力速度、载荷速度等）和加速度 acel（加速度、应力加速度、载荷加速度等）

（3）合并求解 Solve-Current LS。

6. 观察结果

单点响应谱分析的结果是以 POST1 命令的形式写入模态合并文件 Jobname.MCOM 中的，这些命令依据模态合并方法指定的某种方式合并最大模态响应，最终计算出结构的总响应。总响应包括总的位移（或总速度、总加速度）以及在模态扩展过程中得到的结果——总应力（或总反应力速度、总反应加速度）、总应变（或总应变速度、总应变加速度）、总的反作用力（或总反作用力速度、总反作用力加速度）。

10.4.2　随机振动分析

功率谱密度（PSD）是针对随机变量在均方意义上的统计方法，用于随机振动分析。此时，响应的瞬态数值只能用于概率函数来表示，其数值的概率对应一个精确值。

基本步骤：① 建立模型；② 计算模态解；③ 谱分析求解；④ 扩展模态；⑤ 合并模态；⑥ 观察结果。其中，①、②、④与单点响应谱分析相同。

谱分析求解的具体步骤：

进入 ANSYS 求解器，设置分析类型为 Spectrum。

（1）设置谱分析选项。

指定分析类型为 P.S.D（功率谱密度分析）；指定 no.of models for solu（模态扩展数）；如果需要计算单元应力，打开 Calculate elem stresses 选项。

（2）设置激励谱选项。

Type of response spectrum　响应谱的类型：加速度 Acceleration，速度 Velocity，位移 Displacement，力 Force spectrum 和压力 Pressure Spectrum 等；Force spectrum 和 Pressure Spectrum 只能作为节点激励，且必须在模态分析时就加载。

（3）定义激励谱的谱值-谱线关系曲线（freq 和 sv）。

（4）施加功率谱密度激励。

Main Menu > Solusion > Define Loads > Apply > Spectrum > Base PSD Excit/Node PSD Excit，基础激励就默认加载在定义的约束点上，节点激励就默认模态分析时所加的力或压力作用的节点。

（5）计算 PSD 参与因子。

Table no. of PSD table 指定所要计算的 PSD 谱编号，Base or Node Excitation 设置 PSD 激励谱的类型是基础激励还是节点激励。

（6）设置输出控制。

（7）开始求解。

（8）合并模态。

合并模态前要重新进入 ANSYS 求解器。随机振动分析的合并模态操作与单点响应谱分析不同之处在于随机振动分析的合并方法只有 PSD 一种，在分析对话框中需要指定需要合并的模态数。

（9）观察结果。

随机振动分析结果写入结果文件 jobname.rst 中，包括模态振型、基础激励静力解、位移解、速度解和加速度解，可用 POST1 和 POST26 观察结果。

① POST1：读入 jobname.MCOM 文件；显示结果。

② POST26：存储频率向量，定义变量，计算响应 PSD 并保存为变量，获得响应曲线。

10.5 动力学分析中的阻尼

阻尼是动力学分析的一大特点，也是动力分析中的一个易于引起困惑之处，而且由于它只是影响动力响应的衰减，出了错不容易觉察。

阻尼是指所有能量耗散特性的总称。结构受到外界激励的作用后，若是没有能量耗散，就会一直振动不停；而如果有阻尼的存在，能量会逐渐消散掉，使得结构的振动幅度越来越小，直到完全停止。结构能量耗散主要来自各种摩擦，可分成三类：

（1）结构材料本身分子之间的摩擦，称为迟滞阻尼或固体阻尼（Hysteresis or solid damping），指材料本身内部分子间的摩擦，通常是结构物阻尼的主要来源。迟滞阻尼行为很复杂，目前还是缺乏很好的数学模式来描述这种行为；在 ANSYS 结构分析的应用上，用材料阻尼来输入这个量。

（2）结构与周围流体之间的摩擦，称为黏性阻尼（Viscous damping）。黏性阻尼的大小与速度相关，ANSYS 预设两者之间成正比，即 $F_D = C\dot{x}$，其中 C 称为阻尼系数（Damping coefficient）。当结构物在空气中缓慢运动时，阻尼系数通常很小，F_D 几乎可以忽略。但是当结构物在液体中运动（如油、水），或在空气中运动速度很快时，F_D 必须加以考虑。

（3）结构与另一个固体之间的摩擦，称为干摩擦阻尼或库仑阻尼（Dry friction or Column damping）。该摩擦力通常与结构的速度无关，而是与相互接触面的正向力成正比。在 ANSYS 中要模拟库仑阻尼，通常是将各种形式的接触单元（Contact elements）置于接触面之间，而摩擦系数则是接触单元的输入数据之一。

通过 ANSYS 程序可以定义五种形式的阻尼，分别是：Rayleigh 阻尼（Alphad 和 Beta 阻尼）、材料阻尼、结构阻尼（恒定阻尼比）、模态阻尼、单元阻尼。

（1）Rayleigh 阻尼。

Rayleigh 阻尼在动力学分析中最常用，因为 Rayleigh 阻尼矩阵可以在动力方程中进行解耦。Rayleigh 阻尼矩阵[C]由质量矩阵[M]和刚度矩阵[K]按比例组合构造而成（亦称比例阻尼），即

$$[C] = \alpha[M] + \beta[K] \tag{10-9}$$

式中，α、β 为阻尼系数，分别用 ALPHD 与 BETAD 命令输入。

● $\alpha[M]$ 是假设阻尼项是整体结构的质量矩阵乘以一个系数 α，即假设结构的质量越大，阻尼就越大。α 阻尼项考虑结构和周围流体的摩擦现象，属于黏性阻尼。

● $\beta[K]$ 是假设阻尼项是整体结构的刚度矩阵乘以一个系数 β，即假设结构的刚性越大，阻尼就越大。β 阻尼项是考虑结构材料本身的摩擦现象，属于迟滞阻尼。

● α 阻尼与质量有关，主要影响低阶振型，而 β 阻尼与刚度有关，主要影响高阶振型。

● 在计算中一般取：ALPHD= 3.0，BETAD= 0.0001。

可以用相邻两频率 f_i、f_j（常用同方向第 1 及第 2 阶频率）及对应的模态阻尼比 ξ，将 α 阻尼和 β 阻尼近似表达出来，即

$$\alpha = \frac{4\pi f_i f_j \xi}{f_i + f_j}, \quad \beta = \frac{\xi}{\pi(f_i + f_j)} \tag{10-10}$$

（2）材料阻尼。

材料阻尼是在材料参数里面进行定义的，又叫滞回阻尼，由于材料分子之间的摩擦引起的内阻尼机制，其最显著的特点是与频率无关。材料阻尼通过 MP，DAMP 来定义。通过 GUI：Main Menu > Preprocessor > Material Props > Material Models > Structural > Damping > Mass Multiplier / Stiffness Multiplier 也可定义材料阻尼。

（3）结构阻尼。

在结构分析中，常数阻尼比是确定阻尼最简单的方式，表示阻尼振动的实际阻力与产生临界阻尼所需阻力的比值。通过 DMPRAT 命令指定全结构的阻尼比。结构的阻尼比为 2%～15%，阻尼系数没有完善数据库，一般靠实验得到，属于反问题。钢结构的结构阻尼一般取为 0.02。《建筑抗震设计规范》（GB 50011—2010）中规定：钢结构在多遇地震下的阻尼比，对不超过 12 层的钢结构可采用 0.035，对超过 12 层的钢结构可采用 0.02；在罕遇地震下的分析，阻尼比可采用 0.05。

DMPRAT 仅可用于谱分析、谐响应分析、振型叠加瞬态动力分析。注意：在使用 Full 法做瞬态分析时，用结构阻尼比定义的阻尼会被程序忽略掉，此时可用 α 阻尼与 β 阻尼来逼近结构阻尼比。

（4）模态阻尼。

模态阻尼用于对不同的振动模态定义不同的阻尼比，通过 MDAMP 命令实现，仅可用于谱分析和振型叠加法（瞬态动力学分析和谐响应分析）。

在 ANSYS 中，既可以定义在结构坐标系下的全结构阻尼比（DMPRAT 命令），也可以在模态坐标下对各个模态定义各自的模态阻尼比（MDAMP 命令）。ANSYS 最终计算的模态阻尼比是 MDAMP 定义的模态阻尼比与 DMPRAT 定义的全结构阻尼比的叠加。

（5）单元阻尼。

有黏性阻尼特征的单元类型。单元阻尼包括弹簧阻尼和轴承阻尼。许多单元具有单元阻尼，单元阻尼都是在相关单元数据中输入。ANSYS 里具有单元阻尼的单元有：BEAM4，COMBIN7，LINK11，COMBIN14 等。此外，还有用户自定义单元特性矩阵 MATRIX27，除了可以定义为质量与刚度阵外，也一样可以定义为阻尼阵。

用户可以在模型中定义多种形式的阻尼，程序按定义的阻尼之和形成阻尼矩阵。ANSYS 中计算阻尼矩阵（Damping matrix）的方程如下：

$$[\boldsymbol{C}] = \alpha[\boldsymbol{M}] + \beta[\boldsymbol{K}] + \sum_{j=1}^{N_m}\left\{\left(\beta_j^m + \frac{2}{\Omega}\beta_j^{\xi}\right)[\boldsymbol{K}_j]\right\} + \left(\sum_{k=1}^{N_e}[\boldsymbol{C}_k]\right) + [\boldsymbol{C}_{\xi}] \qquad (10\text{-}11)$$

式中，前两项是用 α 与 β 定义的 Rayleigh 阻尼，第 3 项是材料阻尼，第 4 项是个别单元（如 COMBIN14、MATRIX27 等）特有的单元阻尼阵，第 5 项是与全结构的阻尼比 ξ 和各固有频率下的模态阻尼比对应的阻尼阵，与振动频率相关。

● 模态分析时只有结构阻尼和模态阻尼无效。

● 在使用 Full 法的谐响应分析中，只有模态阻尼无效；在使用振型叠加法的谐响应分析中，各种阻尼均有效。

● 在使用 Full 法的瞬态分析中，只有结构阻尼和模态阻尼无效；在使用振型叠加法的瞬态分析中，各种阻尼均有效。

● 在响应谱分析中，只有单元阻尼无效。

使用 Full 法进行谐响应分析时，通过 Main Menu > Solution > Load Step Opts > Time / Frequenc > Damping 来定义阻尼，阻尼类型有 Alphad 阻尼、Beta 阻尼和结构阻尼。定义阻尼的界面如图 10-16 所示。

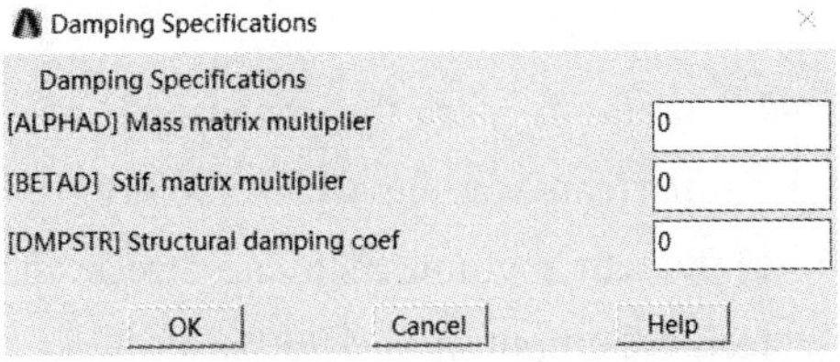

图 10-16   谐响应分析（Full 法）定义阻尼界面

使用 Full 法进行瞬态分析时，通过 Main Menu > Solution> Analysis Type> Sol'n Controls > Transient > Mass matrix multiplier（ALPHA）/ Stiffness matrix multiplier（BETA）来定义阻尼，有效的阻尼类型为：Alphad 阻尼和 Beta 阻尼。定义阻尼的界面如图 10-17 所示。

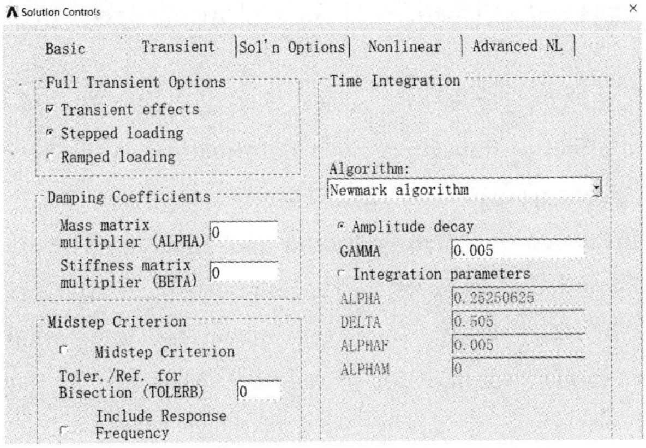

图 10-17   瞬态分析（Full 法）定义阻尼界面

谐响应分析和瞬态分析，使用振型叠加法时，通过 Main Menu > Solution > Load Step Opts > Time/Frequenc > Damping 来定义阻尼，如图 10-18 所示。有效的阻尼类型为：Alphad 阻尼、Beta 阻尼、结构阻尼和模态阻尼。

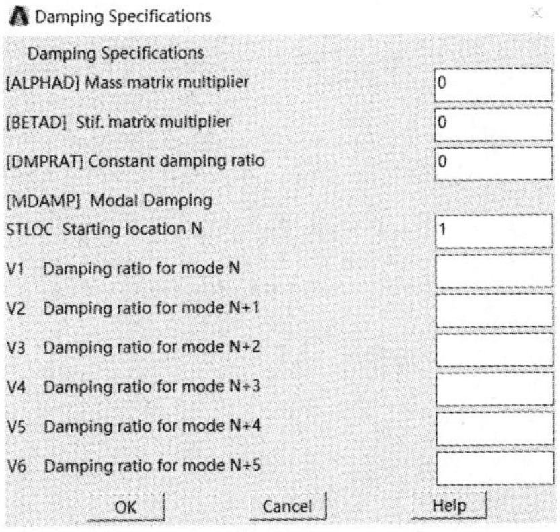

图 10-18   振型叠加法定义阻尼界面

参考文献

[1] COURANT R. Variational methods for the solutions of problems of equilrium and vibration[J]. Bulletin of the American Mathematical Society, 1943, 49(1): 1-23.

[2] CLOUGH R W. The finite element method in plane stress analysis[C]//Proceedings of 2nd ASCE Conference on Electronic Computation, 1960: 345-378.

[3] ZIENKIEWICZ O C, CHEUNG Y K. The Finite Element in Structural and Continuum Mechanics[M]. New York: McGRAE-HILL, 1967.

[4] ZIENKIEWICZ O C, TAYLOR R L, ZHU J Z. The Finite Element Method: Its Basis and Fundamental[M]. 7th ed. New York: Elsevier, 2013.

[5] COOK R D. Concepts and applications of finite element analysis[M]. New York: John Wiley & Sons, 2007.

[6] 朱伯芳. 有限单元法原理与应用[M]. 北京：水利电力出版社，1979.

[7] REISSNER E. The effect of transverse shear deformation on the bending of elastic plates[J]. Joural of Applied Mechanics, 1945, 12(2): A69-A77.

[8] MINDLIN R D. Influence of Rotatory Inertia and Shear on Flexural Motions of Isotropic, Elastic Plates[J]. J Applied Mechanics, 1951, 18(1): 31-38.

[9] PAWSEY S F, CLOUGH R W. Improved numerical integration of thick shell finite elements[J]. International Journal for Numerical Methods in Engineering, 1971, 3(4): 575-586.

[10] ZIENKIEWICZ O, TAYLOR R, TOO J. Reduced integration technique in general analysis of plates and shells[J]. International Journal for Numerical Methods in Engineering, 1971, 3(2): 275-290.